U0279176

专业面包制作教科书

发酵篇

[日] 堀田诚　著

张沿婷　等译

栾绮伟　主审

机械工业出版社

CHINA MACHINE PRESS

发酵是面包制作中直接影响成品膨胀度和品质的重要步骤,专业面包师通过调整发酵种的品种、产品的配方,就能让面包风味和口感上发生巨大变化。本书从发酵种的基本知识,发酵种的种类,发酵种的起种方法、续种方法、筛选方法等方面,全面介绍了各种发酵种的制作方法,并分别介绍了用每种发酵种制作风味面包的配方、制作工序等。本书可供专业面包店、西餐饼房从业人员学习。

PRONICHIKAZUKUTAMENO PAN NO KYOUKASHO HAKKOUHEN by Makoto Hotta All rights reserved
Original Japanese edition published by KAWADE SHOBO SHINSHA Ltd.Publishers
Simplified Chinese translation copyright©2020 by China Machine Press
This Simplified Chinese edition published by arrangement with KAWADE SHOBO SHINSHA Ltd.Publishers, Tokyo, through HonnoKizuna, Inc., Tokyo, and Shinwon Agency Co.Beijing Representative Office, Beijing

本书由KAWADE SHOBO SHINSHA Ltd.Publishers授权机械工业出版社在中华人民共和国境内(不包括香港、澳门特别行政区及台湾地区)出版与发行。未经许可的出口,视为违反著作权法,将受法律制裁。

北京市版权局著作权合同登记图字:01-2019-0305号。

原书工作人员
设计:小桥太郎(Yep)
摄影:日置武晴
造型:池永阳子
企划·编辑:小桥美津子(Yep)

烹饪助理:小岛桃惠　高井悠衣　伊原麻衣　高石恭子　小笹友实

图书在版编目(CIP)数据

专业面包制作教科书.发酵篇 / (日)堀田诚著;张沿婷等译.—北京:机械工业出版社,2020.7(2024.5重印)
ISBN 978-7-111-65880-1

Ⅰ.①专… Ⅱ.①堀… ②张… Ⅲ.①面包—制作 Ⅳ.①TS213.21

中国版本图书馆CIP数据核字(2020)第104946号

机械工业出版社(北京市百万庄大街22号　邮政编码100037)
策划编辑:卢志林　责任编辑:卢志林
责任校对:梁　倩　责任印制:常天培
北京宝隆世纪印刷有限公司印刷
2024年5月第1版第2次印刷
185mm×260mm·9印张·207千字
标准书号:ISBN 978-7-111-65880-1
定价:58.00元

电话服务　　　　　　　　网络服务
客服电话:010-88361066　机 工 官 网:www.cmpbook.com
　　　　　010-88379833　机 工 官 博:weibo.com/cmp1952
　　　　　010-68326294　金 书 网:www.golden-book.com
封底无防伪标均为盗版　机工教育服务网:www.cmpedu.com

前言

2016年出版的《专业面包制作教科书》将面包制作过程作为重点。这次本书将更进一步，讲述"发酵"相关知识。在面包制作过程中，"发酵"指的是酵母菌等菌种发酵。

对于罗蒂·奥兰[⊖]来说，酵母菌发酵不仅能让面团膨胀，还能使面包的口味和酸味发生变化。这些变化与酵母菌、乳酸菌、曲霉菌等发酵菌的特性有直接关系，我们通过了解这些发酵菌的特点来更好地制作面包。然而，在发酵菌存在的地方，腐败菌也会存在，所以分清到底是发酵菌还是腐败菌是尤其重要的。

再者，酵母菌、乳酸菌、曲霉菌等也会发展成为对人类有害的菌类，所以一定要注意，特别是像曲霉菌这类极易产生毒素的菌种。如果要用的话，建议选择符合市场售卖标准的产品。

一直以来，专业的面包师们依靠几种材料就能使产品发生风味和口感上的巨大变化，如果我们从发酵种的角度去了解这些变化，一定会被先人们的智慧所震惊。面包的制作方法无穷无尽，大家可以根据自己喜欢的味道和酸味，去体验做面包的乐趣。

如果大家试做本书中介绍的面包，未必能做出一模一样的，那是因为不同地方做出来的发酵种里的发酵菌是不一样的。正因为如此，大家用自己做的发酵种做出来的面包味道会各不相同，这也使做面包有了更多的乐趣。

罗蒂·奥兰 堀田诚

⊖ 作者的面包教室。——译者注

目 录

认识酵母

用发酵种做面包

酸种

鲁邦种

黑麦酸种

啤酒花种

罗蒂·奥兰式 面包制作

面包的制作中，关键在于面粉、酵母和水这些基本材料的有机结合。三者之间关系紧密，且缺一不可。另外，盐的加入，可以作为结构和风味的补充，具体影响三个方面：蛋白质的形成（面粉和水的混合过程）、酶的活性（面粉和酵母的混合）、内部渗透压（酵母和水的混合）。下图为具体的解释，请牢记。

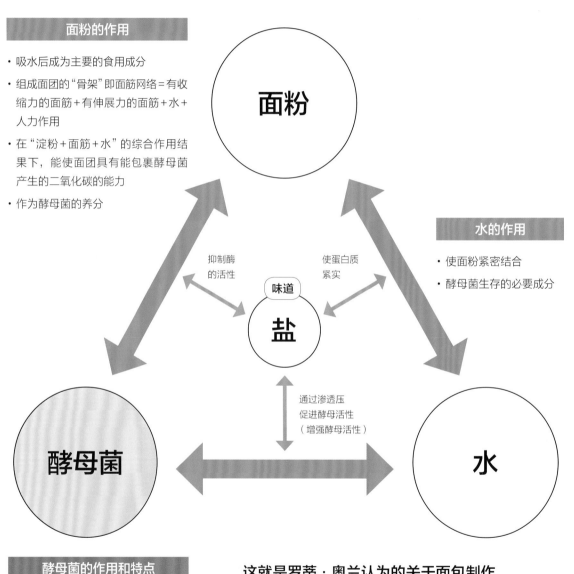

面粉的作用

· 吸水后成为主要的食用成分
· 组成面团的"骨架"即面筋网络＝有收缩力的面筋＋有伸展力的面筋＋水＋人力作用
· 在"淀粉＋面筋＋水"的综合作用结果下，能使面团具有能包裹酵母菌产生的二氧化碳的能力
· 作为酵母菌的养分

面粉

抑制酶的活性

使蛋白质紧实

味道

盐

水的作用

· 使面粉紧密结合
· 酵母菌生存的必要成分

通过渗透压促进酵母活性（增强酵母活性）

酵母菌

水

酵母菌的作用和特点

· 起到水泵的作用
· 控制口感和味道
· 没有水无法存活
· 繁殖过程中需要养分（淀粉）

这就是罗蒂·奥兰认为的关于面包制作的基本材料的关联性，本书将重点探讨其中酵母菌的发酵。

罗蒂·奥兰总结的三类发酵菌的力量理论

　　"发酵"一词含义十分广泛，在罗蒂·奥兰看来，酵母菌、乳酸菌等微生物在产品制作中都
发挥着不同的发酵作用，各种复杂的因素交织在一起会产生奇异的变化，所以罗蒂·奥兰把
发酵菌对面包的影响分成三类。在这里，我们一起把发酵的基本方式牢牢记住吧。

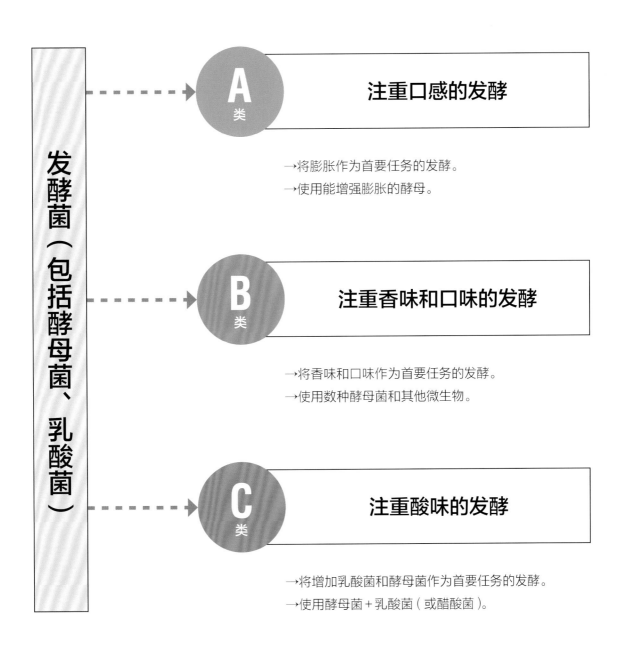

发酵菌（包括酵母菌、乳酸菌）

A 类　注重口感的发酵

→将膨胀作为首要任务的发酵。
→使用能增强膨胀的酵母。

B 类　注重香味和口味的发酵

→将香味和口味作为首要任务的发酵。
→使用数种酵母菌和其他微生物。

C 类　注重酸味的发酵

→将增加乳酸菌和酵母菌作为首要任务的发酵。
→使用酵母菌＋乳酸菌（或醋酸菌）。

认识酵母

什么是发酵

发酵一般是指酵母菌和乳酸菌的共生关系。**乳酸菌增加，酵母菌就会增加；但乳酸菌太多，酵母菌就会休眠**。酵母菌会随着乳酸菌的变化而变化，有了适合的条件就能培养出好的酵母菌。这其中的机制还未研究清楚，但需要注意的是，"发酵"和"腐败"是不同的，必须要牢牢记住这一点。

发酵菌的环境条件

发酵菌有很多种，在做面包的过程中常用到的有酵母菌、乳酸菌、醋酸菌、曲霉菌四种。本书将这些菌类称为发酵种菌。影响这些菌类作用发挥的环境条件包括温度、氧气、养分、酸碱度、水分等。

① 温度

酵母菌和乳酸菌都是因为酶的作用而产生活性，活动的温度范围为4~45℃，在25~35℃时活性最高。酶在4℃时开始分解，30~40℃时活性达到高峰，这个时候，酶充分分解营养成分释放出能量，因而使酵母菌繁殖。高峰过后，分解的速度立即降低。并且，由于酶的化学本质是蛋白质，温度达到50℃以上蛋白质会逐渐变性，酶逐渐失活。一般超过60℃酶就没有任何作用了。

② 氧气

为了让面包膨胀，酒精发酵和氧气是必要条件。虽然氧气不是酒精发酵的必要元素，但如果只有酒精发酵的话，膨胀就会需要更多的时间，而且面包的酒精味会很浓烈。面团的呼吸需要氧气，面团呼吸可以加快葡萄糖产生能量的发酵过程。

③ 养分（营养）

面包制作中发酵所需的营养来源主要是淀粉中分解的麦芽糖和作为材料加入的砂糖（蔗糖）。这两种糖都属于双糖，在酶的作用下，可以分解出葡萄糖和果糖直接作为发酵菌"食用"的养分。

④ 酸碱度（pH）

与发酵相关的微生物都喜欢酸性环境，所以，pH影响很大。

酸碱度（pH）是什么

用数字1~14来表示酸性和碱性的强度，从而显示氢离子的浓度。pH7=中性，越接近pH1，酸性越强，越接近pH14碱性越强。

酸碱度每降低一个点，氢离子浓度会以10倍、100倍、1000倍的速度增长，所以酸碱度只要有一点点不一样就会引起巨大的变化。

⑤ 水分

酶一般需要在水中才有活性，所以水分是必要元素。

面包制作过程中发酵种菌的作用

面包制作中，分为主面团（也叫作面包面团）短时间发酵和发酵种的长时间发酵。主面团的发酵中，以面包酵母（市面上销售的酵母）为主，无论做什么面包都可以用。另一方面，发酵种的发酵以发酵种菌（酵母菌、乳酸菌、醋酸菌、曲霉菌）为主，用于制作特定的面包。

主面团的发酵

- 短时间发酵。
- 一般的面包都可以。
- 发挥主要作用的是面粉。
- 主要微生物为面包酵母（市面上销售的酵母）。
- 能够控制口感。
- 使面包缓慢变化。

发酵种的发酵

- 长时间发酵。
- 制作特定的面包。
- 发挥主要作用的是微生物。
- 主要微生物为酵母菌和乳酸菌。菌的种类越多效果越好。
- 能够控制香味和美味。
- 面包变化明显（包括面包酵母，即市面售卖的酵母）。

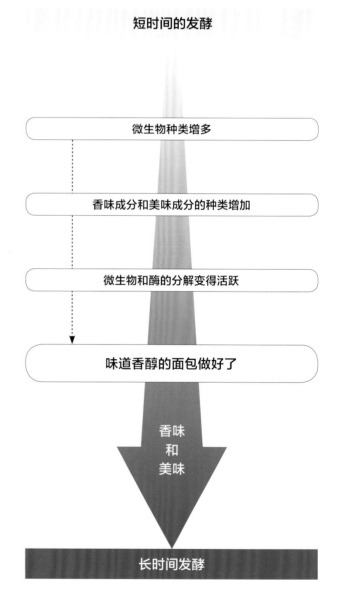

短时间的发酵

微生物种类增多

香味成分和美味成分的种类增加

微生物和酶的分解变得活跃

味道香醇的面包做好了

香味
和
美味

长时间发酵

酵母菌

酵母菌英文为Yeast，市面上售卖的酵母有天然酵母也有人工酵母。有氧气的情况下，酵母菌光是靠呼吸就能获得能量，从而能够快速增殖，同时产生大量的二氧化碳气体。没有氧气的情况下，因为酒精发酵能量比较小，酵母菌增殖比较缓慢，产生的二氧化碳比较少。在做面包时经常用到的酵母菌为起泡力较强的酿酒酵母（面包酵母）。除此之外，虽然有些酵母菌起泡力弱一些，但发酵过程中能产生各种有机酸和乙醛等与美味、风味、香味相关的物质，这样就有可能制作出复杂发酵的面包。

〈 酵母菌作用方式 〉

※ ATP=葡萄糖转化过程中产生的能量

无氧呼吸，酒精发酵

$$C_6H_{12}O_6 \longrightarrow 2C_2H_5OH + 2CO_2 + 2ATP^*$$

（葡萄糖）　　　（乙醇）　　（二氧化碳）　（能量）

酶作用

有氧呼吸

$$C_6H_{12}O_6 + 6O_2 \longrightarrow 6CO_2 + 6H_2O + 38ATP$$

（葡萄糖）　（氧气）　　（二氧化碳）　（水）　（能量）

酶作用

〈 酵母菌活跃的环境条件 〉

① 温度

酵母菌的活动温度为4~40℃，25~35℃时活性最高。

② 氧气

有没有氧气，酵母菌都可以存活，只是如果想要快速膨胀的话，氧气是必须的。

③ 养分（营养）

酵母菌有两种类型，一种以食用麦芽糖（淀粉分解而得）为主，另一种以食用砂糖（蔗糖）为主。对于面包来说，这两种类型的酵母菌都适用。

④ 酸碱度（pH）

酵母菌的活性在弱酸性pH5~6的环境中会比较强，且因为酶的本质是蛋白质，酵母菌的组合成分中也含有大量的蛋白质，在强酸或者强碱的环境下会失去活性。所以酸碱度对酵母菌的活跃性有直接影响。

⑤ 水分

水分是必不可少的。

乳酸菌

乳酸菌是以糖和蛋白质为养分,从而产生乳酸来维持生命活动的菌类总称。乳酸菌大致分为两种,一种是只产生乳酸的"同型乳酸菌",另一种是除了乳酸菌之外也会产生其他物质的"异型乳酸菌"。和酵母菌一样,乳酸菌将食物分解为能量,只是分解方式不同。乳酸菌种类繁多,数不胜数。每一种乳酸菌在不同的温度和酸碱度条件下活性不同。

〈 乳酸菌的作用方式 〉

＊并非只有酵母菌能产生酒精,同理,并非只有醋酸菌才能产生醋酸。乳酸菌不但能产生乳酸,也能产生酒精,继而可以产生醋酸。

同型乳酸菌

$$C_6H_{12}O_6 \longrightarrow 2C_3H_6O_3 + 2ATP$$
（葡萄糖） 酶作用 （乳酸） （能量）

异型乳酸菌＊

$$C_6H_{12}O_6 \longrightarrow C_3H_6O_3 + C_2H_5OH + CO_2 + ATP$$
（葡萄糖） 酶作用 （乳酸） （乙醇） （二氧化碳） （能量）

〈 乳酸菌活跃的环境条件 〉

① 温度

和酵母菌一样,乳酸菌较活跃的温度范围也是4~40℃。用高温下培育的乳酸菌做出来的面包酸味清爽,低温下培育的乳酸菌做出来的面包则酸味比较重。这是我从自身经验中得出的,其中的具体原因还无从得知。

② 氧气

一般情况下,乳酸菌发酵不需要氧气。

③ 养分（营养）

以糖类和蛋白质为养分。

④ 酸碱度（pH）

pH3.5~6.5,pH4~4.5时活性最高。

⑤ 水分

水分是必不可少的。

醋酸菌

醋酸菌是能进行乙醇氧化产生醋酸活动的菌类总称。它不是以糖为食，而是以酵母菌产生的酒精为食，氧气是必需品。只要有酒精，醋酸菌就能增殖。由于醋酸具有杀菌作用，要控制其发酵增殖的速度。醋酸菌有两大类，一类是将酒精氧化的醋酸杆菌，另一类是将葡萄糖氧化的葡萄糖氧化杆菌。

〈 醋酸菌的作用方式 〉

酵母菌的酒精发酵

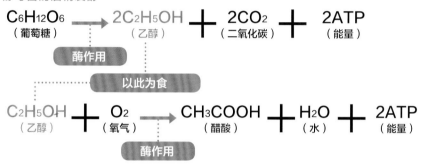

〈 醋酸菌活跃的环境条件 〉

① 温度

20~30℃活性最高。

② 氧气

氧气是必不可少的。如果有氧气溶入水中，那么醋酸菌在水中也能增殖；如果没有氧气溶入水中，醋酸菌则会在能够接触到氧气的水面缓慢增殖。

③ 养分（营养）

以酒精为食（产生酒精的酵母菌以糖类为食）。

④ 酸碱度（pH）

在pH4~5之间活性最高，但是pH3环境中也可以生存。

⑤ 水分

水分是必不可少的。

曲霉菌

曲霉菌是对人类有用的微生物中，分解能力最强的菌种。日文中的"曲"由两个汉字表达，一个是"麹"，另一个是"糀"，两种生存环境不同，释放的风味和用途也不同。运用于日本酿造食品中的曲霉菌大致分为两种——黄曲霉菌和黑曲霉菌，两种都有白色变异株。黄曲霉菌的白色变异株是酱油曲霉，黑曲霉菌的白色变异株是河内白曲霉。

〈 麹和糀 〉

	霉菌的名称	生长环境	产生的味道	用途
麹	根霉 （一些毛霉）	一般谷物 （米、麦子、大豆）	酸味	绍兴酒 （酒精度高的酿造酒、白酒）
糀	米曲霉	米	甜味	酒、调味料 （酱油、料酒）、腌制品

〈 曲霉菌活跃的环境条件 〉

① 温度

25~28℃活性最高。

② 氧气

氧气是必不可少的。

③ 养分（营养）

以淀粉和蛋白质为食。

④ 酸碱度（pH）

pH4~4.5时活性最高，能在更广的范围内生存。

⑤ 水分

水分是不可或缺的。

发酵菌的分类和种类

酵母菌的分类

酵母属	哈萨克斯坦酵母属	假丝酵母菌属
酿酒酵母 贝酵母 少孢酵母 等等	伊格斯古酵母 苏黎世酵母 单孢酿酒酵母 等等	米勒酵母 白色念珠菌

乳酸菌的分类

乳杆菌属	乳酸杆菌属	片球菌属
同型	同型	同型
德氏乳杆菌 保加利亚乳杆菌 格氏乳杆菌 等等	乳酸乳球菌乳脂亚种 乳酸乳球菌 等等	戊糖片球菌 等等
异型		
旧金山乳杆菌 植物乳杆菌 乳酪杆菌 干酪乳杆菌 发酵乳杆菌 短乳杆菌 等等	双歧杆菌属	明串珠菌属
	异型	异型
	长双歧杆菌属 双叉双歧杆菌 动物双歧杆菌 等等	明串珠菌 等等
		肠球菌属
		同型
		粪肠球菌 屎肠球菌 等等

* 潘妮托尼种、旧金山酸种、德国的黑麦酸种、日本的酒种、啤酒花种中都检测出了
乳酸菌。

醋酸菌的分类

醋酸杆菌属		葡萄杆菌属
醋酸杆菌 东方醋酸杆菌	巴氏醋杆菌 木醋杆菌 等等	氧化葡萄糖杆菌 玫瑰葡萄杆菌 等等

曲霉菌的分类

曲霉菌属		
黄曲菌	黑曲菌	可能会释放出毒素的霉菌
米曲霉菌 酱油曲霉（白色变异株） 等等	卢氏曲霉 河内白曲霉（白色变异株） 泡盛曲霉 等等	黄曲菌 烟曲霉菌 黑曲菌 等等

* 除了表中所述之外，还有很多种类的发酵菌。

发酵种（面种）是什么

发酵种主要是用来培养酵母菌和乳酸菌的成品或者半成品，一般分为三种：第一种是只培养一种酵母菌的发酵种，第二种是培养两种酵母菌的发酵种，第三种是能培养多种酵母菌和乳酸菌的发酵种。每种发酵种风味各不相同，每次制作的同类发酵种也很难完全相同。

单一酵母菌的发酵种

以膨胀为目的，发酵时间越长越美味。

单一酵母菌及其产物的发酵种

以膨胀、增加口味和香味为目的，常见的有各类中种、液种等。

复合酵母菌及其产物发酵种

比起只有一种酵母的情况，味道要更好、更香。常见的有水果种、酸奶种（不含面粉）、酒种等。

复合酵母菌+复合乳酸菌的发酵种

这种方法做出来的发酵种酸味较强，可以自己做，市面上也有售卖。有鲁邦种、黑麦酸种、啤酒花种、酸奶种（含面粉）、潘妮托尼种（意大利发酵种）等。

面包制作中发酵种（面种）的作用

发酵种的种类和发酵时间不同，面包的味道也会有很大的差异。参考第9页的A类、B类、C类。

发酵种的作用方式	A类（注重口感）	单一酵母菌（以繁殖能力强的酵母菌为主）		短时间 轻盈的口感（蓬松） 长时间 稍微轻盈的口感（稍微蓬松）
	B类（注重香味和口味）	发酵种（以酵母菌及其产物为主）	单一酵母菌及其产物	短时间 香味和味道比较淡，但是容易膨胀，口感轻盈 长时间 香味和味道比较浓，膨胀力度小，口感比较轻盈
			复合酵母菌及其产物	短时间 香味和味道比较复杂，膨胀力度小，口感比较轻盈 长时间 香味和味道比较复杂，难膨胀，口感比较厚重
	C类（注重酸味）	发酵种（以酵母菌、乳酸菌及它们的产物为主）	复合酵母菌+复合乳酸菌	长时间 香味、味道和酸味都比较强，膨胀力度小，口感比较厚重

19

〈 发酵种的味道和时间的关系 〉

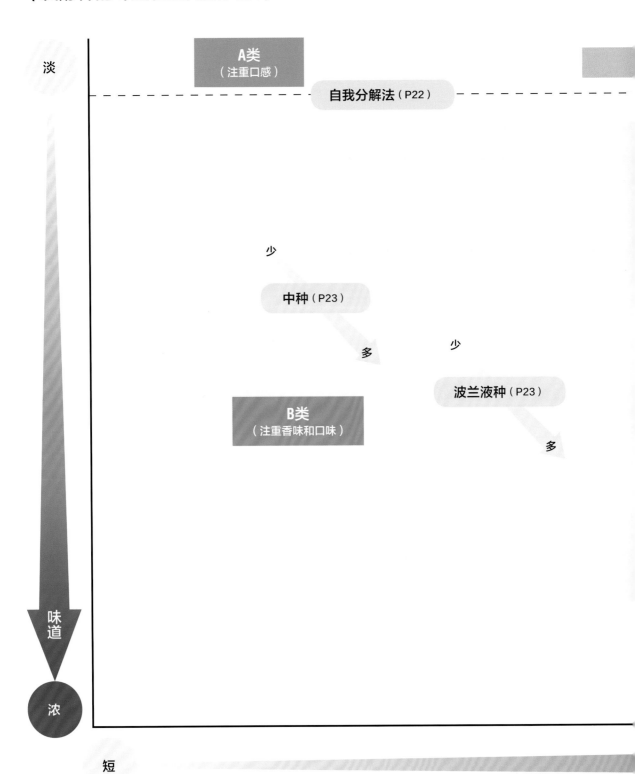

淡

A类
（注重口感）

自我分解法（P22）

少

中种（P23）

多

少

波兰液种（P23）

B类
（注重香味和口味）

多

味
道

浓

短

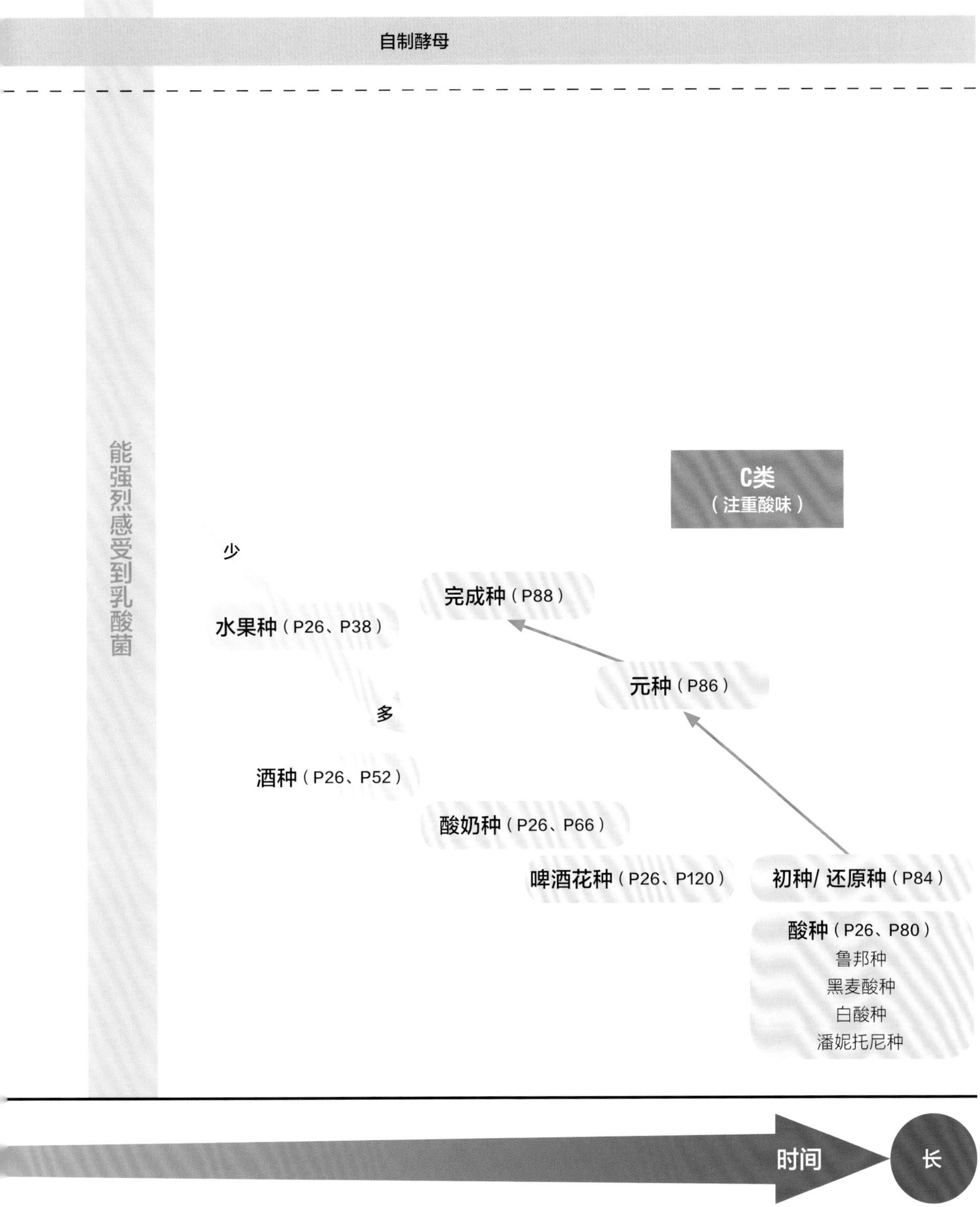

自制酵母

能强烈感受到乳酸菌

C类
（注重酸味）

少

完成种（P88）

水果种（P26、P38）

元种（P86）

多

酒种（P26、P52）

酸奶种（P26、P66）

啤酒花种（P26、P120）

初种/ 还原种（P84）

酸种（P26、P80）
　　鲁邦种
　　黑麦酸种
　　白酸种
　　潘妮托尼种

时间　　　长

注重口感的发酵

我们经常说"要去感受小麦本来的味道"，短时间内做好的面包更容易保留小麦的味道。要想充分发挥小麦的香味和味道，切记不要使其发生大的变化，因此，在考虑配方和制作过程时，也要考虑成品的形状及可能产生的口感。

自我分解法

这是一种能使面筋比较柔软的发酵方法。具体做法是先将面粉、水进行基础混合（可添加适量麦芽糖），形成面筋网络，再添加酵母和盐形成面包面团。这样烘烤成形的成品面筋伸展度较好。此种方式比较适合面筋含量比较小的面包制作。这种做法的原理是最先让小麦淀粉分解，使麦芽糖作用于酵母菌发酵，这样烘烤出来的面包颜色比较漂亮。并且，在淀粉分解酶等酶的作用下，产品也会产生各种香味和美味成分因子。

一般情况下，在加入酵母菌后就可以加盐进行混合操作。但如果使用的酵母品种比较难混合，或者面团的制作时间比较短（30min以内），就需要在粉、水混合时加入酵母菌，使酵母菌发挥的作用更充足些（酵母菌的活性变高需要15min左右）。

〈 奥托立兹法的材料和做法 〉

高筋粉（北海道春恋）……………………… 300g
麦芽糖（稀释）………………………………… 3g
*麦芽糖：水=1：1。
水 ……………………………………………… 225g

把所有材料倒入容器中，搅拌均匀　　　　完成，第一天没有变化，也没有膨胀

B 类
注重香味和口味的发酵

通过发酵，微生物进行生命活动，将养分（面粉）分解又合成，合成又分解，反复变化。微生物将将面粉一次性分解，汲取能量，再用能量进行增殖。另一方面，剩下的碎片化的物质变成了其他形态（例如为了修复遗传基因的蛋白质等）。作为养分的面粉被分解后产生的多种物质直接呈现在产品的味道上，包含氨基酸、核酸和香气的成分——酯类化合物及酮体等。微生物使面粉发生许多变化，能够增加香气和美味。如果想获得更醇厚的味道和香气，可以通过使用发酵种的方式来实现。发酵种可以简单地分为两大类，一类是比较硬的类型——中种，另一类是比较软的类型——液种。将这些发酵种进行比较，可以看出它们各自微生物增殖的方法、酵母菌的产量、面筋的形成方式、口感等都非常不同，用它们做出的面包特点也不同。

〈 发酵种的种类 〉

中种

以面粉为基底，将一部分面粉、水、酵母混合，进行预搅拌、发酵，即成为中种。其质地偏硬，面粉和水紧密黏合在一起，后期制作可以增强面团的锁水能力，且能缩短面团面筋的搅拌形成时间。中种的酸碱度为弱酸性，在后期主面团制作时可以给酵母菌提供比较稳定的环境。

波兰液种

以水为基底，在一部分面粉中加入水、酵母，进行基础混合、发酵，即成为液种。其质地偏软（稀），水分含量比较足，所以后期调制主面团时，需要注意加粉量。液种使用的酵母量较少，其酸碱度为弱酸性，在后期主面团制作时可以给酵母菌提供比较稳定的环境。

〈 发酵种的微生物和口感的关系 〉

	硬的发酵种(中种)	软的发酵种（波兰液种）
微生物（特指主要的单一酵母菌）	难增殖	容易增殖
酵母菌的量	多	少
面筋	与主面团混合时，本身有一定的面筋形成	与主面团混合时，几乎不含面筋
口感	比较均匀，顺滑，蓬松	不是很均匀，有嚼劲，轻盈
适合的面包	原味面包，黄油卷等	比较注重表皮的硬吐司

〈 使用中种的面包配方示例 〉

先将一部分面粉、水、酵母混合进行预搅拌发酵，再与其他材料混合调成面团，这样分两次
制作，能让面筋的伸展性变得更好，面包的组织也更稳定。

中种（原味面包）

以中种和主面团中面粉的总量为基准，可以算出其他材料的烘
焙百分比，具体数值见配方。

□ 中种

		烘焙百分比
高筋粉（江别制粉春丰混合，北海道产）…	180g	60%
干酵母…	1.6g	0.5%
水…	108g	36%
合计	289.6g	96.5%

□ 主面团

		烘焙百分比
高筋粉（江别制粉春丰混合，北海道产）…	120g	40%
干酵母…	0.6g	0.2%
盐…	4.8g	1.6%
蔗糖…	30g	10%
全蛋…	30g	10%
牛奶…	30g	10%
水…	48g	16%
黄油（无盐）…	30g	10%

*用此配方制作面包：面团温度为27℃；基础发酵温度为30℃，时间为
20min；中间室温醒发10min；最终发酵温度为35℃，时间为
40min；烘烤温度为200℃，烘烤时间需考虑成品大小与形状，灵活
调整。

合计	293.4g	97.8%

将中种的材料全部放入容器中搅拌均匀（中种面团
温度为23℃），在30℃的环境下发酵30min

中种完成

〈 使用波兰液种的面包配方示例 〉

波兰液种可以增加面包面团的香味和伸展性，其面筋比较弱，容易断，做出来的面包比较松脆。

波兰液种（制作吐司）

波兰液种和中种一样，以液种和主面团使用的面粉总量为基准，可依此算出其他材料的烘焙百分比，具体数值见配方。

□ 波兰液种

		烘焙百分比
高筋粉（北海道春恋） ·················	90g	30%
干酵母·············	0.3g	0.1%
水 ·····················	108g	36%
合计	198.3g	66.1%

□ 主面团

		烘焙百分比
高筋粉（江别制粉春丰混合，北海道产） ·············	210g	70%
干酵母·············	0.6g	0.2%
盐·············	6g	2%
蔗糖·············	9g	3%
麦芽糖（稀释）·········	3g	1%

＊麦芽糖：水=1：1

		烘焙百分比
水 ·············	108g	36%
起酥油·············	9g	3%

＊用此配方制作面包：面团温度为26℃；基础发酵温度为28℃，时间为30min，进行一次翻面操作，继续以28℃发酵2h；中间室温醒发15min；最终发酵温度为30℃，时间为2h；烘烤温度为210℃，烘烤时间需考虑成品大小与形状，灵活调整。

合计	345.6g	115.2%

将波兰液种的所有材料混合搅拌均匀（形成液种的温度为23℃），在28℃的环境下发酵5h

液种完成

注重酸味的发酵

乳酸菌是可以进行自然酸化的微生物，可分裂繁殖，与酵母菌的增殖不冲突。在两者同时存在的面团制作中，醋酸菌可以通过酵母菌无氧呼吸时产生的酒精为食而进行繁殖，产生酸味，可以减少面包发霉和腐坏的概率。以乳酸菌为主要菌种的发酵种各有差别，软硬程度也不一样，酸味的产生也会因各种微生物的种类、数量以及增殖方式而千差万别。想要制作出自己喜欢的酸味，需要及时调整各微生物的量。

〈 发酵种的种类 〉

水果种

一般是用水果和水制作出的发酵种，具有酸味小的特点。根据水果类别可以酌情添加砂糖来加快酵母菌的增殖速度。水果种制作中，可以看到细小泡沫的产生。材料可选用新鲜水果或水果干（外表无油裹处理）。

酸奶种

在酸奶中加入水混合，视需求可添加少许全麦粉发酵出的发酵种。用此方法制作出的发酵种的特点是能够感受到酸奶清淡的酸味，起泡力强。酸奶需要选用原味的（没有添加酸碱度调节剂）。

酒种

用生米、熟饭、酒糟、米曲和水混合制作出的发酵种。有一股类似日本酒的酒香味，稍带一点甜味和酸味。因为酒槽比较难溶于水，在混合时，注意要充分搅拌均匀。

酸种

用黑麦粉和小麦粉混合制作的发酵种。因各地气候、制作环境等条件的不同，培养出的发酵种风味会不同，酸味浓厚度高低也不一。

啤酒花种

用啤酒的原料啤酒花熬成汁，加上面粉、土豆泥、苹果泥，视情况加入砂糖、米曲、水混合制作出的发酵种，风味类似啤酒和日本酒的综合，除了酸味之外，还有甜味和苦味。

〈 发酵种的微生物和口感的关系 〉

	较硬的发酵种 （酸种TA[1]160/水果种）	较软的发酵种 （酸种TA200/水果种）
微生物	难以增殖	比较容易增殖 因为比较稀，所以微生物比较容易活动
酸味	形成理想味道的过程较为缓慢	形成理想味道的过程较为快速
注意点	续种[2]的间隔 可以稍微长一些，这样酸味会变得更强，但 需每天确认一下酸味 是否在正常范围内	微生物增殖很快，酸味产生得很迅速， 所以续种更新间隔要短一些

※1 TA指的是面团的硬度，用面粉和水的总量来表示面团的硬度。面粉以100计算。数字越大，面团越软。TA150~160为硬，TA170为偏硬，TA180则开始变软，TA220则是像粥一样的稠度了。

※2 续种指的是，从乳酸菌繁殖太多的发酵种中取一些出来，加面粉和水稍微稀释，这样微生物会变得比较活跃。

〈 发酵种发酵温度对酸味的影响 〉

所有发酵种的酸味都随着发酵温度的变化而变化，这是根据乳酸和醋酸的平衡而变化的。同样，酸碱度感受到的酸味也会不同。要做出自己喜欢的酸味面包需要牢牢记住这点。

发酵温度	乳酸和醋酸的平衡	味道
28~35℃	乳酸较多	酸味弱
20~28℃	乳酸和较少的醋酸	酸味稍弱
~20℃	乳酸和较多的醋酸	酸味强

〈 比较有名的发酵种地区 〉

发酵种在不同的气候环境下，活跃程度不同。关于发酵种，有全世界的共识，也有一些国家
有特定的释义。

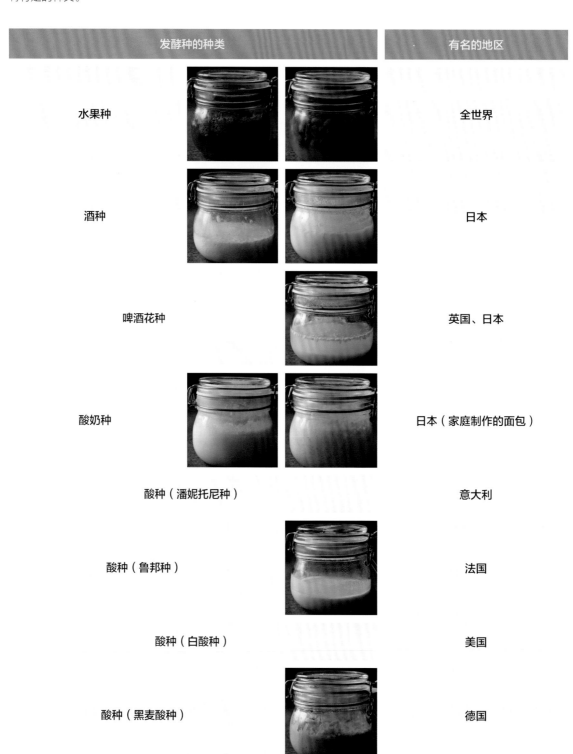

发酵种的种类	有名的地区
水果种	全世界
酒种	日本
啤酒花种	英国、日本
酸奶种	日本（家庭制作的面包）
酸种（潘妮托尼种）	意大利
酸种（鲁邦种）	法国
酸种（白酸种）	美国
酸种（黑麦酸种）	德国

〈 罗蒂·奥兰关于发酵种和面粉关系的理论 〉

面粉是面包制作中的主角，使用相应的发酵种及与其对应的面粉，就能做出自己想要的面包。我们以100%使用小麦粉的发酵种与使用不同比例的全麦粉、黑麦粉的发酵种进行比对，做成了表格，大家做面包的时候可以作为参考。用一种面粉，可以体验到发酵种的香味、风味和口感；两种以上组合就会变得比较复杂，有时候味道会变重，有时候味道会变坏，一定要多加注意。

面粉的种类	小麦粉			全麦粉		黑麦粉			
面粉的比例	100%			≤10%	>10%	≤20%	>20%~50%	>50%~80%	>80%
灰分的比例	≤0.4	>0.4~0.5	>0.5						
发酵种 水果种	◎	◎	◎	○	○	○	△	—	—
酸奶种	△	△	○	○	○	○	△	△	—
酒种	◎	◎	○	○	○	△	—	—	—
鲁邦种	△	○	○	○	◎	◎	○	○	—
黑麦酸种	—	—	△	△	○	○	○	◎	◎
啤酒花种	◎	◎	○	○	△	△	—	—	—

◎ 非常适合
○ 适合
△ 普通
— 不建议

用发酵种
做面包

做面包前应该知道的事项

〈 起种 〉

发酵种中发酵菌的活动和酸碱度、氧气含量等有直接关系，可通过添加材料来影响发酵种的风味。理解这些关系后，可以制作出所需的发酵种，继而做出想要的面包。

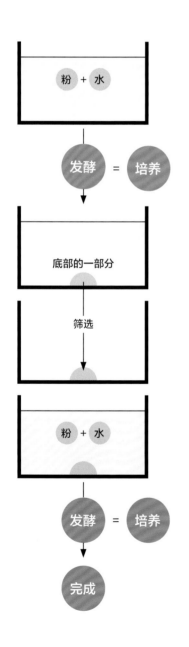

搅拌

加入水、养分（面粉），调节温度、酸碱度和氧气含量来促进发酵。

发酵

材料或空气中的菌种，在培养过程中会进行增殖活动。所谓的培养是指微生物增殖的过程。

筛选

在发酵中，挑选优质的菌种群。

续种

维持发酵种中微生物的活动状态。

〈 主面团 〉

发酵种做好后，就要开始做主面团了。主面团的制作是做面包过程中主要的一步，所以会有很多专业用语，知道这些用语的意思后再进行操作会比较好。

烘焙百分比

在表示材料的分量时，将面粉的量作为100%表示，其他材料的用量对比粉量计算出比例。这就是国际公认的烘焙百分比的计算方法。烘焙百分比并不是"各材料用量/材料总量"计算而来，所以材料比例合计会超过100%。这样计算是因为粉量是面包材料中最多的，以此基准来制定百分比，无论面团大小，其他各种材料都可以很容易算出来。

例如：高筋面粉为100%，砂糖为5%

面粉为100g的话，砂糖为$100g \times 5\% = 5g$
若面粉为1000g，那么砂糖为$1000g \times 5\% = 50g$

这样计算便可。

内比例和外比例

皆用百分比表示。外比例指的是以面粉用量为100%，其他材料对比粉量得出比例。内比例是以所有材料用量为100%，其他材料对比总量得出比例。

混合

将材料混合的操作。粉的种类不同，混合好的面团状态也不同，分别用对应的方法放入材料并混合搅拌，这样搅拌得均匀。

面团温度

酵母吃了酶分解的养分后会变得活跃。酵母和酶两方都活跃的话，面团无论纵向还是横向都会充分膨胀，做成的面包也会比较好吃。让酵母和酶活跃地起作用，温度是很重要的。对于混合完成的面团，可以将温度计插入面团内部确认温度。

第一次发酵

第一次发酵是指面团搅拌完成后静置发酵的一段过程，期间微生物会进行各种活动。
在有氧的环境下，酵母菌进行有氧呼吸，将糖分解，产生二氧化碳。在二氧化碳积累到一定量后，酵母菌会进行无氧呼吸，产生酒精。在这些过程中，还会积累多种衍生物。
好的面包制作，需注重酵母菌的活跃程度，同时也需要积累各种衍生物，从而使面包产生更多风味。

翻面和时机

翻面应用于第一次发酵过程中，需根据面团状态选择合适的时机。

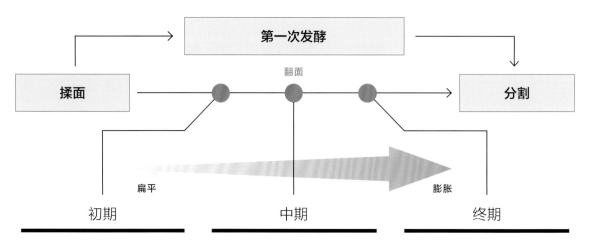

初期

在揉面完成后的短时间内，还没有气泡产生。如果此时进行翻面，只有强化面筋的作用。

中期

在揉面完成的一段时间后，酵母菌活跃起来，面团内部气泡开始增多，持续进行的话，面团内部会因缺氧而进行酒精发酵（无氧呼吸）。此时进行翻面，可重新引入氧气，促使酵母菌产生更多的二氧化碳，同时强化面筋。

终期

在第一次发酵的末端，面团内部和外部已经有温差，二氧化碳量非常高，内部气泡大小差异增大。此时进行翻面，可引入氧气、排出二氧化碳，使面团内部温度稍下降、气泡均匀，使酵母菌继续活跃，同时强化面筋。

分割、揉圆

将面团分割称重、揉圆，可以调整每个面团内部的气泡，且能调整面筋走向，使面筋更加坚韧，对面团后期整形有很大帮助。

醒发

在分割、揉圆后，面团内部的气泡进行了新的调整，醒发过程中面筋会逐渐松弛，易于后期整形时面团的伸展。

最终发酵

和第一次发酵方法相似。最终发酵可以给面团充分的时间"自我调整"，恢复面筋和酵母活性，这是决定产品口感、风味、香味的最后工程。

烘烤

烘烤可分为使面团伸展和使面团凝固两个阶段。面团完成最终发酵后的膨胀度不同，烘烤所用的时间和温度就不同。

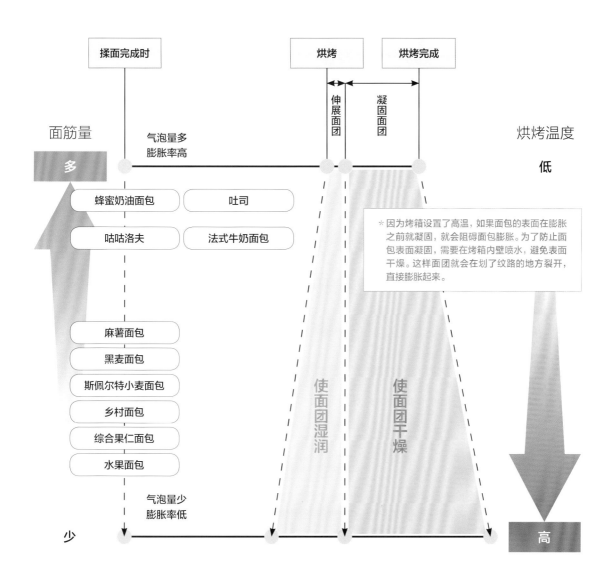

产生面筋含量较多的面团

最终发酵会使面团最大限度地膨胀，面筋充分松弛。烘烤过程中，面团面筋蛋白质受热后会发生变性，形成面包的"骨骼"；烘烤热量通过面团内部的气泡进行传递，使面团膨胀，淀粉充分糊化（α化）。此种面团的烘烤温度应稍微低一些，使面团整体受热均匀，面团伸展和凝固时间都比较短。

产生面筋含量较少的面团

最终发酵无需使面团最大限度地膨胀，只需使面筋稍微松弛即可。烘烤前，可以在面团表面划上刀口（便于后期烘烤时有膨胀裂口）。此种面团的烘烤温度要高一些，面团入炉后，表皮先形成硬壳，热度不再进入面团内部，面筋蛋白质不易变性，"骨骼"形成、气泡膨胀、淀粉糊化都需要时间长一些。

什么是起种

起种是指使可以发酵的微生物增殖。微生物存活在自然界的各个角落里，因菌种比较杂乱，所以采用人工培养的方式进行反复甄选和使之增殖。常用的面包发酵种菌是乳酸菌和酵母菌。确认乳酸菌是否增多的方法就是闻气味，有酸味（味道很香，类似茶泡饭的香味）出现便是依据。确认酵母菌是否增殖，也可以通过看气泡确认，但有时候没法通过气泡确认，所以闻味道是最好的方法。

〈 发酵种的环境条件 〉

面包制作中常使用的微生物有酵母菌、乳酸菌、部分霉菌以及在某些环境下可以使用的醋酸菌。空气中也有微生物飘浮着，但是面包中用到的微生物到底能在哪里找到呢？答案就在我们身边的发酵食品的制作过程中。这个制作过程包含可抑制腐烂的工艺，我们总结出六个适合发酵种菌的环境条件。

① 屏障

让需要的菌类增殖，减少其他不必要的菌类。需要的菌类数量变大就能形成屏障，阻止其他菌类进入。

② 养分（营养）

因为各种不同的发酵种菌有不同的养分，所以增殖的方式也不同。

③ 温度

各种发酵种菌有各自适宜的生存温度，做面包进行发酵时，设置适合各自发酵种菌的温度是很重要的。

④ 酸碱度（pH）

各种发酵种菌有各自适宜的酸碱环境。在加入调整酸碱度材料的情况下，要考虑该材料是否适合发酵种菌。

⑤ 氧气

发酵种菌中，有需要氧气的，也有不需要氧气的。在认识到这点后再判断是该供给氧气还是该阻隔氧气。

⑥ 渗透压

发酵种菌中有渗透压较强的，也有渗透压较弱的。用盐分浓度、砂糖浓度、酒精浓度等作为调节发酵种渗透压的方法。

水果种

水果种一般是用水果（水果干）和水以及适量的砂糖做出来的酵母种。
水果种的酸味比较少，特点是能够看到发酵产生的细小气泡。

〈 水果种的环境条件 〉

① 屏障

甜的水果中本来就附着着发酵种菌形成的屏障。

② 养分（营养）

水果中糖分较高，需要将水果捣碎，使糖分溶于水中扩散开来。像柠檬这种糖度较低的水果，或者比较难捣碎的果干等，要添加糖。

③ 温度

发酵种菌中，以增加酵母菌为主，所以温度25~35℃比较合适。

④ 酸碱度（pH）

在偏弱酸性环境下酵母菌容易增殖，所以有酸味的水果比较合适。

⑤ 氧气

考虑方式为以下两种：
○ 供给了氧气，以酵母菌的能量效率优先，促进酵母菌的增殖，这个时候二氧化碳产生得多。
○ 阻隔了氧气，创造适合乳酸菌和酵母菌的环境，使之增殖。

⑥ 渗透压

这里不考虑对渗透压的调节。

〈 水果种的起种方法 〉

水果种（新鲜水果）

葡萄……………………………………… 200g
水 ……………………………………… 100g

搅拌后的温度
28℃

发酵温度
28℃

将材料全部放入容器中搅拌均匀（搅拌后温度为28℃），放入28℃的发酵箱中，每隔12h搅拌一次。

出现细小的气泡后就完成了。可放在冰箱保存一个月。

水果种（果干）

葡萄干（选用没有浸油的）
………………………………… 100g
水 ………………………………… 300g

搅拌后的温度
28℃

发酵温度
28℃

将材料全部放入容器中搅拌均匀（搅拌后温度为28℃），放入28℃的发酵箱中，每隔12h搅拌一次。

出现细小的气泡后就完成了。可放在冰箱保存一个月。

用水果种（新鲜水果）做
黑麦面包

不用黑麦酸种，而是将小麦和用水果做出的发酵种菌混合，做出的面包既能发挥出
黑麦本来的香味，也能发挥出小麦的美味，酸味比较少。推荐与熟芝士或者味道浓
厚的料理一起食用。

出品量	2份

□ 液种

		烘焙百分比
高筋粉（北海道春恋）………………………	30g	10%
水果种（新鲜水果，做法见P39）………	30g	10%
合计	60g	20%

□ 主面团

		烘焙百分比
粗粒黑麦全麦粉 ……………………	15g	5%
细粒全麦黑麦粉…………………	60g	20%
中筋粉（ER类型）………………	195g	65%

*粉类装入保鲜袋

液种（上述所配）………………	60g	20%
海藻盐（海人牌）………………	6g	2%
麦芽糖（稀释）…………………	3g	1%

*麦芽糖：水=1：1

水 ………………………………	195g	65%
合计	534g	178%

手粉（高筋粉）……………………………	适量
粗粒黑麦全麦粉（完成时用）……………	适量

制作工序

液种
> 28℃下放置4~5h
↓
主面团
↓
混合搅拌
> 面团温度为24℃
↓
第一次发酵
> 28℃，1h
↓
翻面
> 冷藏一晚
↓
分割、揉圆
> 2等份
↓
醒发
> 室温下10min
↓
整形
↓
最终发酵
> 28℃，20min
↓
烘烤
> 230℃（蒸汽）10min
> →250℃（无蒸汽）20min

要点

为了适当增加小麦的香味，先把水果种转换为液种。为了让面团在酸味增强前膨胀起来，就要使用温度高一些的液种，使其膨胀起来并带有温和的酸味。

□ 制作液种

混合搅拌

先在密封罐中放入水果种，再加入高筋粉。

用橡胶刮刀搅拌到没有干粉。

发酵

盖上盖子，28℃下发酵4~5h。

发酵完成。

□ 制作主面团

  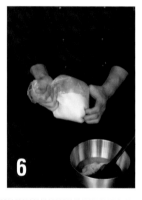 

混合

在盆中放入水和海藻盐，并用橡胶刮刀搅拌，加入麦芽糖后再次搅拌。

加入液种。

摇晃装有粉类的保鲜袋，使之混合均匀。

将步骤6的粉类加入步骤5的混合物中。

从底部往上重复搅拌，直到没有干粉。

将面团放在操作台上。

用刮板把面团从外侧刮到手边。

11

转变方向，再次用刮板将面团从外侧铲到手边。

12

再次转变方向，用刮板将面团从外侧铲到手边。

13

此时面团温度为24℃

将面团折成两折，将步骤10~13的流程重复6次。

14

第一次发酵

将面团放入容器中，盖上盖子，以28℃的温度发酵1h。

发酵后的面团。

15

翻面

用刮板插入容器壁铲起面团一端。

16

向正中间折。

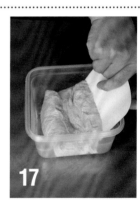

17

正对面用同样方法折叠。

18

剩下的面团也进行同样的操作。

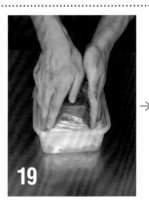

19

盖上保鲜膜，放入冰箱中冷藏发酵一夜。

发酵后的面团。

20

分割、揉圆

轻轻将保鲜膜剥除。

21

22

23

24

在操作台和面团上撒上少量手粉。

用刮板插入容器中，并把容器倒置，将面团倒在操作台上。

用刮板把面团切成两块，称重，确保重量一致。

右手捏住面团左下角，左手捏住面团的右下角。

25

26

27

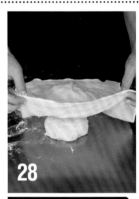

28 醒发

将交叉的双手复原，把面团拧起来。

将面团从手边往外卷起来。

将面团卷起来的封口朝下。另外一个面团进行同样操作。

用湿布盖在面团上，室温下静置10min。

29 整形

30

31

32

在操作台上撒上手粉，将面团翻过来放在操作台上。

用手轻轻将面团推平，呈四角形状，将右下角折到正中间。

再将左下角向正中间折。

将下端整体往中间折。

将面团左上角和右上角进行30~31步的操作，折起来。

用拇指按住面团中央，往手的方向对折。

用右手手掌根部按压面团的封口。

在操作台上撒上大量手粉，让面团沾满手粉。

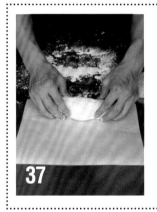

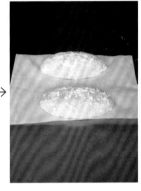

将面团放在烤盘纸上，另一个面团进行同样操作。

最终发酵
28℃的温度下发酵20min。

发酵后的面团。

烘烤
用粉筛在面团上筛上粗粒黑麦全麦粉。

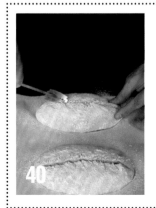

用面包整形刀在面团中间纵向切出纹路。

烤箱预热到250℃，用木板将面团和烤盘纸一起放入烤箱烤盘中。

在烤箱内壁里喷5次水。230℃的温度（有蒸汽）烤10min后，翻转烤盘方向，250℃再烘烤20min。

用水果种（果干）做
混合果仁面包

这款面包的目的是将小麦、黑麦、蜂蜜、牛奶、水果这些材料的风味都展现出来。

为了让清淡的酸味与肉桂、丁香的味道成为一体，揉面之后需要进行充分的发酵。

| 模具 | 磅蛋糕模具2个 |

		烘焙百分比
中高筋粉（ER类型）	240g	80%
全麦粉	30g	10%
粗粒黑麦全麦粉	30g	10%

＊将粉类装入保鲜袋中。

| 水果种（果干，做法见P39） | 30g | 10% |

A

海藻盐	6g	2%
蜂蜜	30g	10%
牛奶	30g	10%
煮好的红酒	120g	40%

＊在锅里放入200g红酒，开火煮到酒精蒸发，煮好的红酒约为160g。

| 水 | 75g | 25% |

肉桂粉	0.9g	0.3%
杏仁碎	30g	10%
整颗杏仁	30g	10%
腌制果干	120g	40%

＊在密封罐中放入有机葡萄干100g，无核小葡萄干100g，苹果干50g，白兰地50g，整粒丁香6颗，腌制2天以上。

| 合计 | 771.9g | 257.3% |

手粉（中高筋粉） …… 适量

制作过程

混合搅拌
面团温度为23℃
↓
第一次发酵
18℃，15min
↓
分割、整形
外皮面团和主面团各两等份
↓
最终发酵
室温下 5~10min
↓
烘烤
230℃（有蒸汽）10min
→250℃（无蒸汽）15min

要点

因为使用了水果种，且为了让使用的粉类风味能正面影响产品风味，所以需要稍微延长面团的发酵时间。因面团过于松弛，比较容易变形，所以需要用长形磅蛋糕模具来固形。

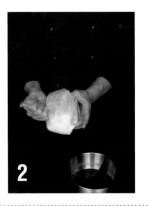

混合

在盆中放入材料A和水，用橡胶刮刀搅拌，再加入水果种搅拌均匀。

在装有粉类的保鲜袋中加入肉桂粉，并摇晃均匀。

把步骤2材料加入步骤1材料中。

加入杏仁碎。

从底部往上搅拌，重复这个动作直到无干粉。

将面团称出180g作为外皮，放到容器中。

面团温度为23℃

用橡胶刮刀将步骤6的面团表面刮平。

第一次发酵（外皮面团）

盖上盖子，在18℃温度下发酵15min。

发酵后的面团。

在步骤6中剩下的主面团中加入整颗杏仁。

加入腌制果干。

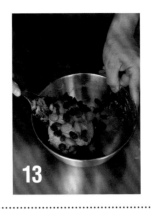

用橡胶刮刀搅拌。

将面团切成两半。

将其中一半面团叠在另一半上边。

重复12~13的步骤。

面团温度为23℃

将面团放入另一个容器中，用橡胶刮刀将面团表面刮平。

第一次发酵（主面团）

盖上盖子，在18℃温度下发酵25min。

发酵后的面团。

分割、整形

在操作台上撒上大量手粉。

在外皮面团上撒上大量手粉。

用刮板依次插入容器四壁。

将容器倒过来，把外皮面团倒置在操作台上。

用刮板将外皮面团平均分成两份。

在操作台和主面团表面撒大量手粉。	用刮板插入容器四周。	将容器倒过来，把主面团倒在操作台上。	用刮板将主面团平均分成两份。

将主面团横向放置。	从手边一侧轻轻将主面团往外卷。	将封口朝下，另一半面团进行同样操作。	在外皮面团上撒上大量手粉。

用手轻轻按压外皮面团，成15cm见方的正方形。	在外皮面团表面喷上水，使之湿润。	将步骤28的主体面团上的手粉拍除。	将主面团放在步骤31的外皮面团上，用外皮将主面团卷起来。

用手将面团两端按压封住。

再次在操作台上撒上大量手粉，并将步骤34的面团也撒满手粉，调整成合适模具的大小。

将面团的封口朝下放入模具中，另一个面团进行同样操作。

最终发酵

用面包整形刀在面包中间纵向划出纹路（5~8mm的深度）。另一个面团进行同样操作，在室温下静置5~10min。

烘烤

将面团放入预热到250℃的烤箱中。

在烤箱内壁喷10次水，230℃（有蒸汽）烤10min，翻转烤盘方向250℃（无蒸汽）烤15min。

酒种

酒种指用生米、熟饭、米曲和水混合制作的发酵种，味道类似日本酒，有酒精的味道。

〈 酒种的环境条件 〉

① 屏障

用曲霉菌做屏障。

② 养分（营养）

曲霉菌将淀粉糖化后的物质。

③ 温度

因为首先考虑酵母菌，温度设定要稍高（28~35℃）。

④ 酸碱度（pH）

这里并不打算做出酸性物质，所以不用考虑酸碱度。

⑤ 氧气

酒种比较喜欢有氧气的环境，所以搅拌时幅度要大（将空气搅拌进去）。

⑥ 渗透压

如果腐败菌增加了，加入1%~2%的盐来抑制腐败菌。

〈 酒种的起种方法 〉

酒种分为酒糟起种和米曲起种。酒糟起种是在已经有酵母菌增殖的情况下培养，而米曲起种是边捕捉酵母菌边培养酵母菌。

酒种（酒糟）		
	第一次发酵	第二次发酵
酒糟	50g	–
水	200g	–
熟米饭	–	50g
第一次发酵的发酵种	–	第一次发酵种的所有量

搅拌完成温度 **24℃**　　发酵温度 **28℃**

第一次发酵

在容器中放入酒糟和水，用打蛋器搅拌均匀（搅拌好的温度为24℃），将容器放入28℃的发酵箱中，每天搅拌3次。第一次发酵结束时，只有少量气泡出现（不是细小的气泡也没关系）。

第二次发酵

在第一次发酵的液体中加入熟米饭，用打蛋器搅拌均匀（搅拌好的温度为24℃），放入28℃的发酵箱中，每天搅拌3次。第二次发酵完成之后，米饭完全溶化，出现细小的气泡。这样就完成了，在冰箱中可保存1~2d。

酒种（米曲）

	第一次发酵	第二次发酵	第三次发酵	第四次发酵
米 ……………………………	50g	–	–	–
熟米饭…………………………	20g	100g	100g	100g
米曲…………………………	50g	40g	20g	20g
上次的发酵种……………………	–	40g	40g	20g
水 …………………………	100g	80g	60g	60g

搅拌完成温度
24℃

发酵温度
28℃

第一次发酵

在容器中放入米、熟米饭、米曲和水，用打蛋器搅拌均匀（搅拌完温度为24℃）。将容器放在设置为28℃的发酵箱中，1天搅拌3次。少量气泡出现就表示第一次发酵结束（大概2天），气味和最开始一样没有变化。

第二次发酵

从第一次发酵的酒种内侧取出40g，放入另一个容器中，再加入熟米饭、米曲和水搅拌均匀，将容器放入设置好温度（28℃）的发酵箱中，1天搅拌3次。第二次发酵结束时，气泡比第一次更多，气味与第一次相差不大。

第三次发酵

从第二次发酵的酒种内侧取出40g，放入另一个容器中，再加入熟米饭、米曲和水搅拌。将容器放入设置好温度（28℃）的发酵箱中，1天搅拌3次。第三次发酵结束时（约1天），细小的气泡出现，会有酒精的味道。

第四次发酵

第四次发酵也是同样操作。第四次发酵结束（约1天）的标志为，出现比第三次发酵更多的细小气泡，能闻到类似日本清酒的酒精气味，这样就完成了整个过程，在冰箱中可保存3~4周。

用酒种（酒糟）
做麻薯面包

一种类似麻薯的小麦面包，有着日本清酒的美味和风味。烤好之后蘸着黑蜂蜜

黄豆粉或砂糖酱油享用，有着麻薯没有的发酵的美味。

出品量	6份

□ 中种

		烘焙百分比
高筋粉（北海道春恋）………………………	120g	60%
酒种（酒糟，做法见P52）………………	20g	10%
水………………………………………………	60g	30%
合计	**200g**	**100%**

□ 主面团

		烘焙百分比
高筋粉…………………………………………	80g	40%
中种（上述所配）…………………………	200g	100%
海藻盐………………………………………	4g	2%
水 ………………………………………………	120g	60%
合计	**404g**	**202%**

手粉（小麦粉）……………………………… 适量

制作过程

中种

混合好的温度为26℃
30℃温度下发酵到原体积的1.5倍大
→冰箱

↓

主面团

↓

混合搅拌

面团温度为25℃

第一次发酵

28℃，15min

第一次翻面

28℃，15min

第二次翻面

28℃，15min

第三次翻面

放入容器中，28℃，2h

整形

↓

分割

6等份

烘烤

250℃（有蒸汽）9min
→250℃（无蒸汽）15min

要点

酒糟的发酵能力虽然强，但曲霉菌的淀粉分解酶的效力更强，所以面团会比较软，不能太用力地去碰面团。当面团变软时，用橡胶刮刀进行多次翻面，使做出的面包重一些。

□ 制作中种

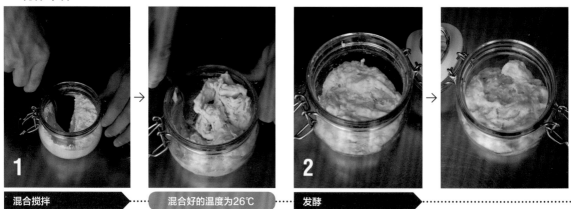

1 混合搅拌 · · · · · · 混合好的温度为26℃

将所有材料放入密封罐中，用橡胶刮刀搅拌至无干粉。

2 发酵

盖上盖子，在30℃温度下发酵到原体积的1.5倍大。

发酵完后放入冰箱保存。

□ 制作主面团

3 混合

在盆中放入水和海藻盐，用橡胶刮刀搅拌均匀。

4

将中种用手一块一块揪下来，加入步骤3的混合物中。

5

加入高筋粉。

6

从底部往上搅拌，直到无干粉状态。

面团温度为25℃

7 第一次发酵

28℃发酵15min。

发酵后的面团。

8 翻面

用橡胶刮刀将面团从盆边铲到中间。

用橡胶刮刀边转边将面团卷起来。

当整个面团卷在了橡胶刮刀上时，用手将粘在刮刀上的面团刮下来。

 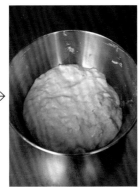  

将步骤8~10的操作每隔15min进行3次。

将面团放入容器中。

整形

28℃温度下发酵2h。

发酵后的面团。

在操作台上撒上大量手粉。

在面团上也撒上大量手粉。

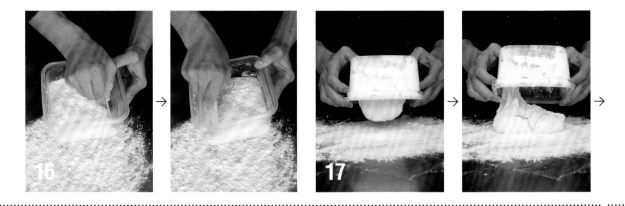

用刮板插入容器四壁。　　　　　　　　　　　　　　　将容器倒过来，将面团放在操作台上。

先将面团左右折叠出3层，再从手边处往面团另一端折叠1/3，并撒　　从面团外侧再往手边折叠。
上手粉。

分割

滚动面团使之沾满手粉。　　　将面团封口往下放置。　　　将面团推开，呈边长为15cm的
　　　　　　　　　　　　　　　　　　　　　　　　　　　正方形，沿着对角线切开。

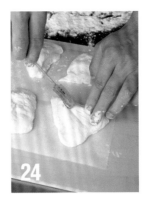

再分别将各个面团分成3等份。

烘烤

将面团放在铺有烤盘纸的木板上。

用面包整形刀在面团上分别划出一条纹路。

将面团用木板放入用250℃预热好的烤箱中。

在烤箱中喷5次水。250℃（有蒸汽）烘烤9min，转换烤盘方向，250℃（无蒸汽）再烤15min。

用酒种（米曲）做
蜂蜜奶油面包

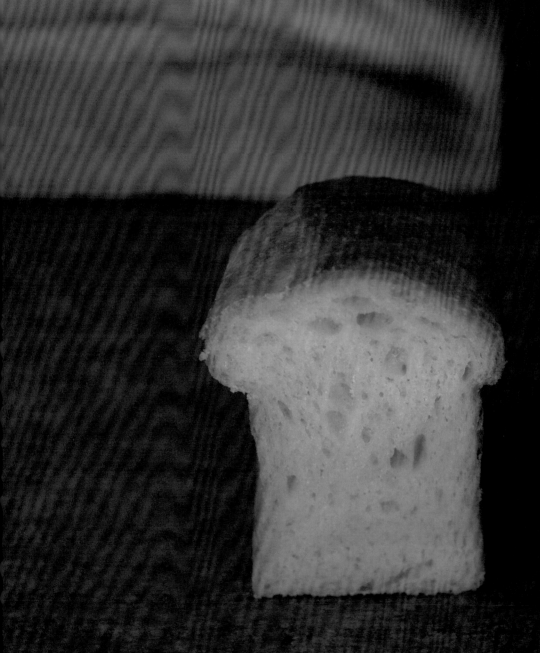

这款面包使用了带有米味的、有甜酒味道的、发酵能力强的发酵种，配方中选用了鲜奶油和蜂蜜，嚼劲比较足，口感类似磅蛋糕。可以与吐司、果酱等一起作为点心来享用。

模具	长形磅蛋糕模具 2个

混合搅拌

　面团温度为23℃

↓

第一次发酵

　28℃，20min

↓

翻面

　18℃，8~10h

↓

分割、揉圆

　2等份

↓

醒发

　室温下10min

↓

整形

↓

最终发酵

　35℃，1~2h

↓

烘烤

　200℃（无蒸汽）15min

　→200℃（无蒸汽）5min

		烘焙百分比
高筋粉（北海道春恋）·················	250g	100%
酒种（米曲，做法见P53）··············	25g	10%
A		
海藻盐························	5g	2%
蜂蜜·······················	37.5g	15%
鲜奶油（乳脂肪含量35%）·········	100g	40%
水·························	100g	40%
黄油（无盐）·················	25g	10%
*室温下软化		

合计	542.5g	217%

手粉（高筋粉）····················　适量

要点

这个面团糖分高，鲜奶油使用得较多，使用发酵能力强的酒种，做出来的面包会比较湿润松软。面团的面筋较弱，所以分割揉圆的时候要反复揉捏，让面团强韧坚实。

混合搅拌

在盆中倒入材料A，用橡胶刮刀搅拌均匀，并加入酒种。

加入高筋粉。

反复从底部往上搅拌，直到无干粉。

将面团倒在操作台上。

用刮板将面团从外侧向手边铲。

转换方向，拿着面团，在操作台上摔打。

将面团对折，重复步骤5~7的操作6次。

将黄油揪成小块放在面团上，用手将面团推开。

用刮板将面团切成两半。

用刮板将其中的一半面团刮起来。

叠在另一半面团上。

12

13

14

15

用手按压面团，重复步骤9~12的操作（时不时转变方向）8次。

用刮板将面团从外侧向手边铲起来。

转变面团方向，拿着面团，在操作台上摔打。

将面团对折。

16

17

→

18

面团温度为23℃

将步骤13~15的操作重复6次。

第一次发酵

将面团放入容器中，盖上盖子，在28℃温度下发酵20min。

发酵后的面团。

翻面

将容器倾斜，用橡胶刮刀从容器角落向中间插入。

19

20

21

→

转动橡胶刮刀，将面团卷起来。

面团整体卷到刮刀上后，用手将面团剥下。

盖上盖子，在18℃温度下发酵8~10h。

发酵后的面团。

22

23

24

25

分割、揉圆 ▶

在操作台和面团表面撒上大量手粉。

用刮板插入容器的四壁。

将容器倒过来，将面团放到操作台上。

用刮板将面团平均切成两半。

26

27

28

29

右手捏住面团左下角，左手捏右下角。

将交叉的手恢复原位，将面团拧起来。

捏住面团下端，向外侧卷，将封口朝上。

转变面团方向，再次进行步骤26~28的操作。

30

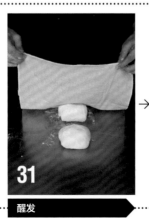

31

→

32

醒发 ▶

整形 ▶

将封口朝下放置，另一个面团进行同样操作。

在面团上盖上湿润的棉布，在室温下放置10min。

醒发完成后的面团。

在操作台上撒上手粉，将面团封口朝上放置，用手掌将大的气泡按破，并将面团推开，呈边长为12cm的正方形。

33

34

35

36

将面团从手边向外侧的1/3处折叠。

用掌根按压折叠处。

再从外侧向手边折叠。

用掌根按压折叠处。

37

→

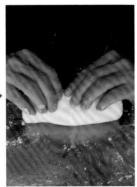

38

39

将面团从外侧向手边对折。

用掌根按压折叠处。

在操作台上滚动面团,将面团揉至20cm长。

40

41

→

42

将面团封口朝下放入模具中,另外一个面团进行同样操作。

最终发酵
35℃的温度下发酵1~2h。

发酵后的面团。

烘烤
放入预热到200℃的烤箱中,200℃(无蒸汽)烤15min,转变烤盘方向,200℃(无蒸汽)再烤5min。

酸奶种

酸奶种是指在酸奶中加入水和适量全麦粉做出来的酵母。酸奶种的特点是能够感受到酸奶清淡的酸味，发酵能力强。

〈 酸奶种的环境条件 〉

① 屏障

虽然酵母菌比较少，但乳酸菌比较多，可以形成屏障。

② 养分（营养）

加入少量供乳酸菌和酵母菌食用的砂糖。

③ 温度

为了一边用乳酸菌做屏障，一边使酵母菌增殖，温度设定要稍高（28~35℃）。

④ 酸碱度（pH）

酸奶的酸性较强，所以使用前需先用水释释一下，使其呈弱酸性。

⑤ 氧气

氧气对于乳酸菌并不是必需的，其他好氧菌会在含氧量比较高的地方与乳酸菌争夺空间，所以越接近容器底部，乳酸菌的量就越多。

⑥ 渗透压

为了抑制腐败菌的增殖，加入1%~2%的盐。

〈 酸奶种的起种方法 〉

酸奶种（无面粉）

酸奶（原味）…………………… 150g
蜂蜜…………………………… 15g
水……………………………… 150g

搅拌完成的温度	发酵温度
28℃	**28℃**

将所有材料放入容器中，搅拌均匀（搅拌后温度为28℃），放入28℃的发酵箱中每隔12h搅拌1次。

待细小的气泡出现，酸碱度变为pH4（酸奶中的蛋白质凝固），便完成了。在冰箱中可保存3~4d。

酸奶种（含面粉）

酸奶（原味）…………………… 100g
蜂蜜…………………………… 10g
水……………………………… 100g
全麦粉………………………… 100g

搅拌完成的温度	发酵温度
28℃	**30℃**

在容器中放入酸奶、蜂蜜、适量的水，并用打蛋器搅拌均匀。加入全麦粉再次搅拌（搅拌好的温度为28℃）。将容器放入30℃的发酵箱中，每隔12h搅拌1次。

1~2d出现细小的泡沫，酸碱度变为pH4（酸奶的蛋白质凝固），便完成了。在冰箱中可保存1W。

用酸奶种（含面粉）做
发酵面包

这款面包选用的发酵种比较难驾驭，酸味比较重，产品保质期较长，是浓茶或浓缩咖啡的好搭档。面包内部比较紧实，外皮则是像饼干一样酥脆的口感。

出品量	1 份

□ 中种

		烘焙百分比
中高筋粉（ER类型） ················	25g	25%
抹茶 ····························	5g	5%
酸奶种（含面粉，做法见P67） ······	60g	60%
黄油（无盐）·····················	10g	10%
合计	**100g**	**100%**

□ 主面团

		烘焙百分比
高筋粉···························	70g	70%
＊将面粉放入保鲜袋中。		
中种（上述所配）·················	100g	100%
A		
海藻盐 ·························	0.5g	0.5%
蔗糖 ···························	30g	30%
发酵黄油（无盐）·················	45g	45%
黑豆（市面售卖）·················	80g	80%
熟白芝麻 ·······················	10g	10%
合计	**335.5g**	**335.5%**
手粉（高筋粉）·················	适量	

制作过程

中种
混合好的温度为24℃
30℃发酵90min→放冰箱冷藏一晚

↓

主面团

↓

混合搅拌

↓

分割、整形

↓

最终发酵
室温下5~10min

↓

烘烤
190℃，50min→冰箱冷藏

要点

加入了酸味十足的酸奶种，烤好后的面包酸碱度偏酸性，所以不容易滋生霉菌，保存的时间也比较长。为了防止黑豆焦煳，可以用面皮将主面团卷起来。

□ 制作中种

混合

在装有粉类的保鲜袋中加入抹茶粉。

摇晃保鲜袋，将两者混合均匀。

在盆中加入黄油和步骤2的粉类，用手指将黄油与粉类拌至无干粉状态。

搅拌好的温度为24℃

加入酸奶种。

用橡胶刮刀搅拌均匀。

放入容器中并把表面抹平。

盖上盖子，在30℃温度下发酵90min，放入冰箱冷藏一晚。

□ 主面团制作

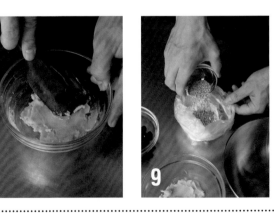

发酵后的中种。

混合

在盆中放入材料A，用橡胶刮刀搅拌到材料混合均匀，放入冰箱冷却1~2h。

在装有粉类的保鲜袋中加入熟白芝麻。

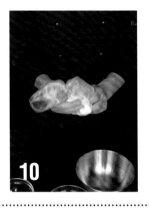   

摇晃保鲜袋使粉类混合均匀。

将步骤10的材料放入另一个盆中，加入切成小块的中种。

用手指揉搓，将面粉和中种混合在一起，直到混合均匀。

将步骤8的材料切成小块加入。

用手指揉搓混合至无干粉。

用刮板将面团取出，放在操作台上。

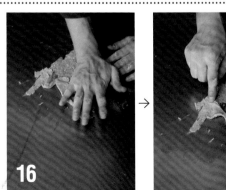   

用掌根每次少量按压、搓捻，直到面团发白，变得顺滑。

待面团整体发白、顺滑后，自然地卷成团即可。

18

将面团整理成一块。

19

用刮板将面团切出100g作为外皮。

20

用手将外皮面团推开成12cm×10cm。

21

将外皮面团放在刮板上，放入冰箱冷却5~10min。

22

在步骤19中剩下的面团上铺满黑豆，用拇指和食指将面团分成两半。

23

将其中一半面团叠在另一半上面。

24

轻轻按压面团。

25

重复步骤22~24的操作8次，并时不时转换方向。

26

在操作台上滚动面团，使之变为12cm的长筒形。

27

在操作台上撒上少量手粉。

28

将冰箱里步骤21的外皮面团取出，放在操作台上。

29

用擀面杖将外皮擀到12cm×15cm。

将步骤26的面团放在外皮面片的手边一侧。

从手边往外将面团紧密地卷起来。

用手指按压两端封口。

在操作上滚动面团至15cm长。

将面团封口朝下放在烤盘纸上。

最终发酵

放在烤盘中，在室温下发酵5~10min。

烘烤

将面团放入预热到190℃的烤箱中，150℃烘烤50min。烤好后立即放入冰箱冷冻起来使之凝固。如果长时间保存，需用保鲜膜将面团包起来，放入冰箱冷冻室，可保存1个月。食用前取出，放入冷藏室解冻2~3h，再用刀切开即可。

用酸奶种（含面粉）做
咕咕洛夫

这款面包使用了酸奶种，味道与蛋糕、点心都不一样。请尽情享用小麦和牛奶
经过乳酸发酵之后带来的酸味和风味吧。

模具	内径为12cm的咕咕洛夫模具2个

混合搅拌

面团温度为23℃

↓

第一次发酵

18℃，15h

↓

分割、整形

2等份

↓

最终发酵

35℃，90min

↓

烘烤

190℃，30min

要点

此配方与蛋糕的配方十分相似，但因为油脂的含量比较多，面团比较难膨胀。由于使用了陶瓷的咕咕洛夫模具，热度可以慢慢传到微小的气泡中，因此面团不会快速凝固，可以慢慢进行膨胀。

		烘焙百分比
高筋粉（江别制粉春丰混合,北海道产）…	180g	100%
酸奶种（面粉，做法见P67）………	60g	33%
A		
海藻盐……………………	3g	1.6%
枫糖浆……………………	40g	22%
蛋黄 ……………………	40g	22%
蛋清 ……………………	20g	11%
马斯卡彭奶酪 ……………	40g	22%
牛奶 ……………………	40g	22%
发酵黄油（无盐）…………	100g	55%
＊室温下软化。		
糖渍栗子 …………………	40g	22%
＊切碎。		
碧根果 ……………………	20g	11%
合计	**583g**	**321.6%**
可可粉……………………………	5g	
手粉（高筋粉）…………………	适量	
糖浆（完成时用）………………	适量	

＊在锅里放1：1.3的水和蔗糖，加热溶化。

混合搅拌

在盆中放入材料A和酸奶种。

用橡胶刮刀搅拌，加入高筋粉。

用橡胶刮刀搅拌至无干粉状态。

   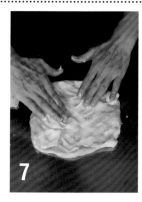

将面团放在操作台上，用刮板把面团从外侧往里刮起来。

转变方向，将面团拿起来，在操作台上摔打。

将面团对折，将步骤4~6的操作重复6次。

将黄油放置在面团上，用手将黄油铺满面团。

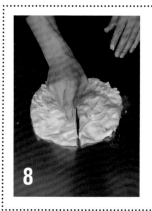   

用刮板将面团切成两半。

用刮板将两个面团重叠。

用手按压面团。

重复步骤8~10的操作8次并时不时转换面团方向。

12

13

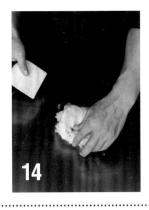

14

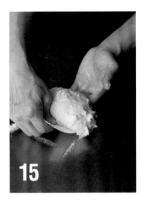

15

用刮板将面团从外侧向手边铲。

转换面团方向，拿着面团，在操作台上摔打。

将面团对折，将步骤12~14的操作重复6次。

用刮板将面团从外侧往手边一次性铲起来。

16

17

18

19

转变面团方向直接摔在操作台上。

将步骤15~16操作重复10次。

在操作台上将碧根果捣碎，将面团放置在捣碎的碧根果上边。

将糖渍栗子碎撒在面团表面（将偏大的栗子弄碎）。

20

21

22

23

用刮板将面团铲起来。

转变面团方向直接摔在操作台上，将步骤20~21的操作重复10次。

待面团表面碧根果浮现之后便完成了。

用刮板将面团平均切成两半。

24

在其中一个面团上撒上可可粉。

25

用手在面团上旋转按压，将可可粉混入面团中。

26

用刮板将面团从外侧一次性铲起来。

面团温度为23℃

27

直接将面团摔在操作台上，将步骤26~27的操作重复10次。

 →

28

第一次发酵

将步骤27的面团和步骤23中剩下的另一半面团放入容器中，盖上盖子，在18℃的温度下发酵15h。

发酵后的面团。

29

分割、整形

在操作台和面团表面撒上大量手粉。

30

用刮板插入容器四壁。

31

将容器倒过来，将面团倒在操作台上。

32

用刮板将两个面团分别切成两半。

33

将可可面团放在原味面团上边。

34

用手掌按压面团，将面团推开，呈边长为15cm的正方形。

35

拍除面团上的面粉，从手边将面团往外侧卷，另一个面团进行同样操作。

36

将封口朝上，用手按压。

37

右手捏住面团左下角，左手捏住右下角。

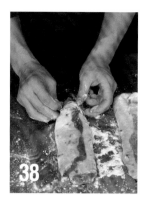

38

将交叉的双手恢复原位，把面团拧起来。

39

捏住面团下端往外卷。

40

将面团封口朝上放在手中，揉圆。

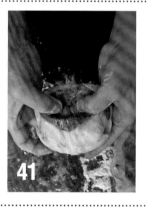

41

将面团封口朝上放在手中，揉圆。

42

将面团放入涂满黄油（配方以外）的模具中，另外一个面团也进行步骤34~42的操作。

43

最终发酵

35℃发酵90min。

→

发酵后的面团。

44

烘烤

放入预热到190℃的烤箱中，190℃烘烤30min。

45

将烤好的咕咕洛夫脱模，放在铺有烤盘纸的网架上，趁热用毛刷在表面刷上糖浆。

酸种

酸种的制作方法有3种：第一种是用传统酸种续种的做法，是面包店代代相传的，各有特色；第二种是用市售的酸种制作；第三种是自己制作元种并进行反复筛选、续种的做法，本书重点介绍这种方法。

〈酸种的种类〉

注重面粉香味的人使用的酸种

鲁邦种

用小麦或黑麦作为基础做成，有着可以自我增殖的菌群，酸碱度为pH4.3以下的发酵种就是鲁邦种。起种的过程中是以小麦为主角完成的，硬的种（TA150~160）比较多。鲁邦种有软的液种（TA200~225）和硬的发酵种（TA150~170），特点是有小麦的香味和充足的酸味。菌的种类有酵母菌属的酿酒酵母、假丝酵母菌属的米勒酵母、乳酸杆菌属的短乳杆菌等。

黑麦酸种

黑麦酵种是以黑麦为基础，整个过程都是用黑麦完成的发酵种，分为比较硬的发酵种（TA150~160）和较软的发酵种（TA180~200）。该发酵种的特点是具有强烈的黑麦风味和酸味。在烘烤过程中，黑麦酸种可以抑制黑麦淀粉中分解酶的活跃度，这对制作黑麦风味的面包是十分有利的。

传统面包师和专业面包师使用的酸种

白酸种

这是以小麦为主体做成的美国西海岸的小麦发酵种，也叫作旧金山酸种。其特点是充满了小麦的味道，酸味较强。该发酵种主要含酵母菌和乳酸菌，它们在日本的气候环境下难以生存，所以需要购买市面上售卖的起种，或直接在当地面包店里购买。菌的种类有酵母菌属的少孢酵母、乳酸杆菌属的旧金山乳杆菌等。

潘妮托尼种

这是以小麦为基础的发酵种，意大利北部伦巴第地区的人们用其来制作传统面包。它有着小麦的美味，在pH4以下的环境中也有耐酸的发酵力。该发酵种主要含酵母菌和乳酸菌，它们在日本的气候环境下难以生存，所以需要购买市面上售卖的起种，或直接在当地面包店里购买。菌的种类有酵母菌属的少孢酵母、乳酸杆菌属的植物乳杆菌、乳酸杆菌属的旧金山乳杆菌等。

〈酸种的筛选方法〉

本书中使用的酸种，需要先用黑麦面粉（或小麦粉）加水制作元种。在5~6天中，反复进行
培养操作（以小麦粉+元种+水为材料），从而筛选好的微生物。

第一天

黑麦粉（或小麦粉）加水进行发酵，使所有微生物
增殖。

第二天

在底部取出一部分放到另一个容器中，再加入新的面粉
和水，进行发酵。

第三天以后

重复第二天的操作，重复4~5d。

第一天   重复第二天的操作，重复4~5d。

〈筛选时微生物的动态〉

最开始的时候，培养出来的微生物好坏皆有，之后再筛选出好的微生物。通过微生物的动态
了解这种机制的话，就能明白重复筛选的意义。

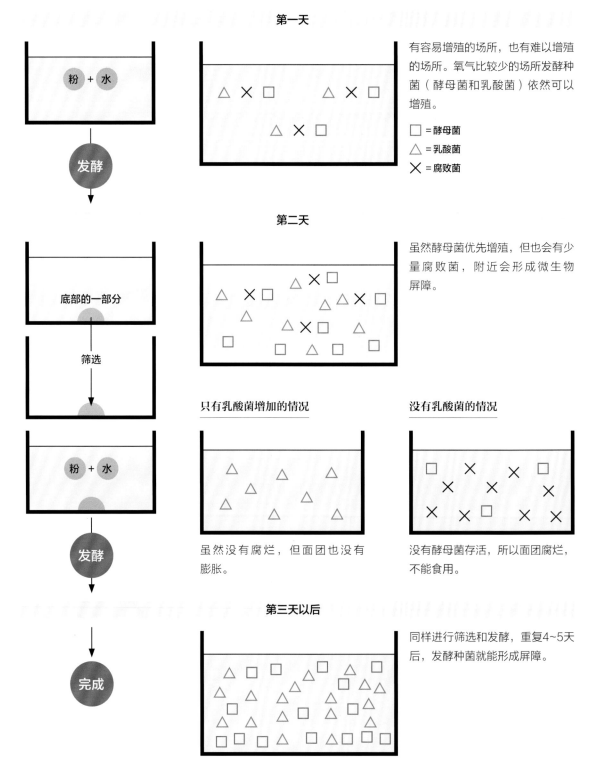

第一天

有容易增殖的场所，也有难以增殖的场所。氧气比较少的场所发酵种菌（酵母菌和乳酸菌）依然可以增殖。

□ = 酵母菌
△ = 乳酸菌
✕ = 腐败菌

第二天

虽然酵母菌优先增殖，但也会有少量腐败菌，附近会形成微生物屏障。

只有乳酸菌增加的情况

虽然没有腐烂，但面团也没有膨胀。

没有乳酸菌的情况

没有酵母菌存活，所以面团腐烂，不能食用。

第三天以后

同样进行筛选和发酵，重复4~5天后，发酵种菌就能形成屏障。

粉 + 水
↓
发酵
↓

底部的一部分
↓
筛选
↓

粉 + 水
↓
发酵
↓
完成

〈筛选的环境条件〉

① 屏障

第一天

无。所有的微生物都增殖。

第二天

比较弱。筛选的时候选择发酵种菌多的地方（下方）。

第三天

变强。筛选的时候选择发酵种菌多的地方（下方）。

② 养分

第一天

淀粉产生的物质。

第二天

淀粉产生的物质。

第三天

淀粉产生的物质。

③ 温度

第一天

发酵种菌容易增殖的温度为28~35℃。

第二天

发酵种菌容易增殖的温度为28~35℃。

第三天

发酵种菌容易增殖的温度为28~35℃。

④ 酸碱度（pH）

第一天

从酸碱度呈中性状态开始起种，如果第二天一点都没有变酸的话，就可以认为是制作失败了。

第二天

比第一天更偏酸性。

第三天

与第二天一样的酸性，甚至更加酸。

⑤ 氧气

第一天

为了让菌类增殖，充分搅拌带入空气。

第二天

为了让菌类增殖，充分搅拌带入空气。

第三天

为了让菌类增殖，充分搅拌带入空气。

⑥ 渗透压

第一天

为了让所有微生物都增殖，不加入盐。

第二天

为了让所有微生物都增殖，不加入盐。

第三天

为了防止腐败菌增殖，加入1%~2%的盐。

第四天之后

想要制作的发酵种不同，上述做法也不同，重点是温度和酸碱度。

○**想要做出稳定的发酵种时**

为了使其不容易腐败，优先使乳酸菌增殖创造较强的酸性环境（pH3.8左右）。

○**想要做出发酵力比较强的发酵种（乳酸菌较多且活跃）时**

注意膨胀和起泡的方式。

〈初种/还原种〉

初种的制作是在"放心区域"完成的，此区域内腐败菌无法生长，酵母菌和乳酸菌活性也非常弱。如果想提高菌种的活性，需要进行续种（新加入材料进行稀释、混合）。

续种后，酸碱度从"放心区域"到"稍微放心的区域"，酵母菌和乳酸菌的活性增强。在此区域进行继续培养（发酵），酵母菌和乳酸菌的量都会提高，会引起酸碱度下降（即酸性增高），所以酸碱度又会从"稍微放心的区域"到"放心区域"，即成还原种。

＊使用初种或还原种制作面包，酸味较强，膨胀度不高。

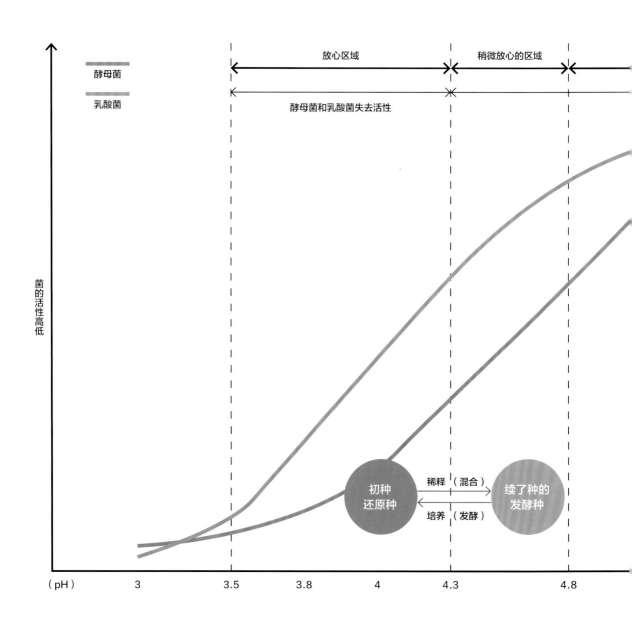

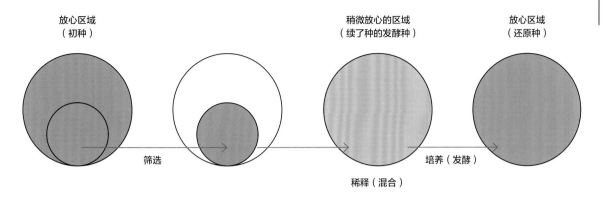

放心区域
（初种）

稍微放心的区域
（续了种的发酵种）

放心区域
（还原种）

筛选

稀释（混合）

培养（发酵）

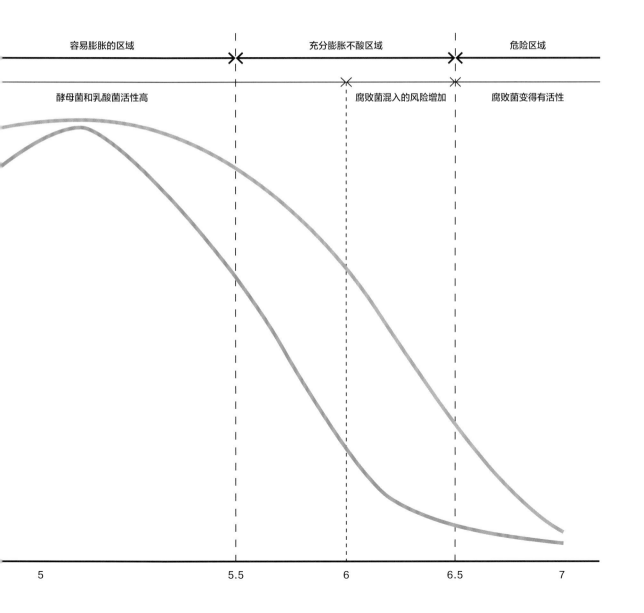

容易膨胀的区域

充分膨胀不酸区域

危险区域

酵母菌和乳酸菌活性高

腐败菌混入的风险增加

腐败菌变得有活性

〈元种〉

无论初种还是还原种，都是可以用来制作面包的，但是酸味都太强，且膨胀力度不高。所以在调节酸碱度的基础上，我们来尝试做元种。

首先，取出一部分初种，加入粉类和水进行稀释、混合，酸碱度、菌种活性增大。与还原种的制作不同的是此次调整的酸碱度区间比较大，是从"放心区域"到"容易膨胀的区域"，形成"未完成的元种"。
但需注意，因为初种含量比较少，所以腐败菌也可能生长。
为了使酵母菌继续保持高活性，需要进行培养（发酵）。酵母菌和乳酸菌的量增大，会引起酸碱度下降（即酸性增高）。所以酸碱度又会从"容易膨胀的区域"到"稍微放心区域"，即成元种。

※使用元种制作的面包酸味适中，膨胀度也适中。

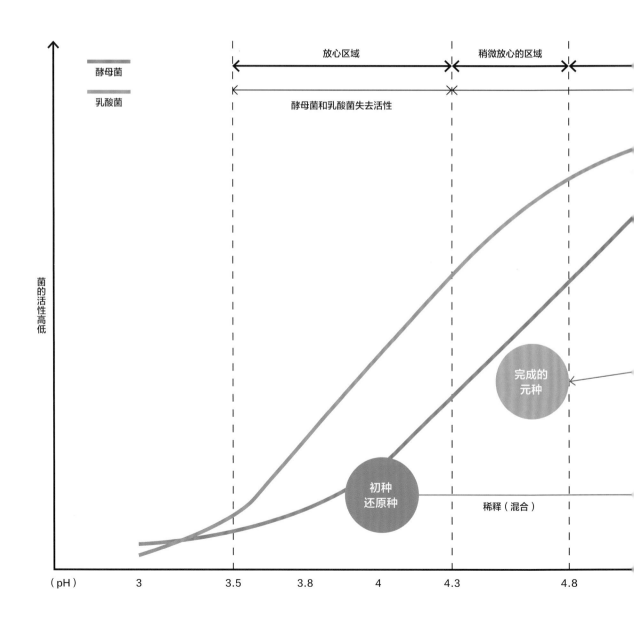

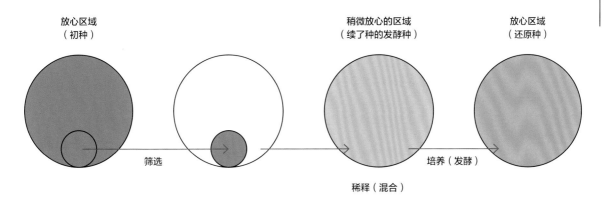

放心区域
（初种）

稍微放心的区域
（续了种的发酵种）

放心区域
（还原种）

筛选

稀释（混合）

培养（发酵）

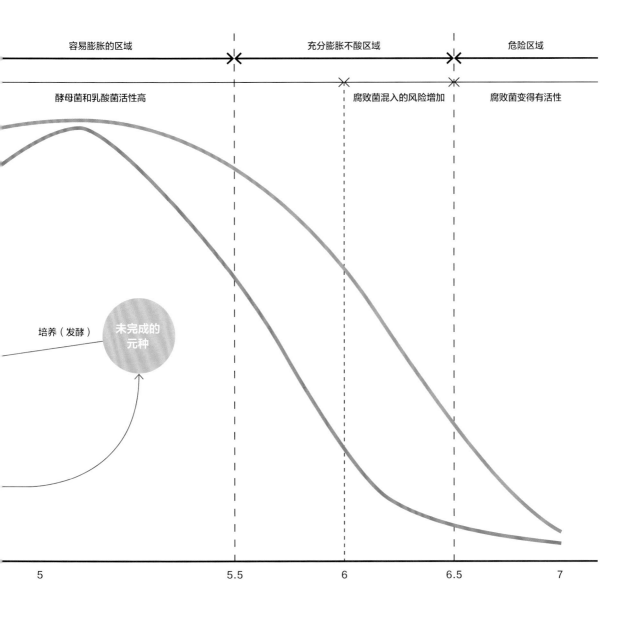

容易膨胀的区域

充分膨胀不酸区域

危险区域

酵母菌和乳酸菌活性高

腐败菌混入的风险增加

腐败菌变得有活性

培养（发酵）

未完成的
元种

5   5.5   6   6.5   7

〈完成种〉

初种、还原种和元种都可以用来制作面包，但酸度和膨胀度都可以再进一步调整。依据这三种发酵种的制作来看，选取少量的"种"进行稀释、培养即可调高酸碱度，但酸碱度过高的话，腐败菌的生长趋势也会变得更高。所以，可以在成形的元种基础上进一步制作出功能更全面的发酵种。

取出一部分已完成的元种，加入水和粉进行稀释、混合。酸碱度增高，接近"危险区域"，但是活跃的菌群增殖量变大，酵母菌和乳酸菌的菌群生长可以形成屏障，阻碍腐败菌的生长。在这个区域，形成"未完成的完成种"。

继续培养（发酵），菌种继续增长，酸碱度降低（酸度增高），直至酸碱度到达"充分膨胀不酸区域"，形成完成种。

✳ 使用完成种制作的面包膨胀度比较高，酸味较弱。

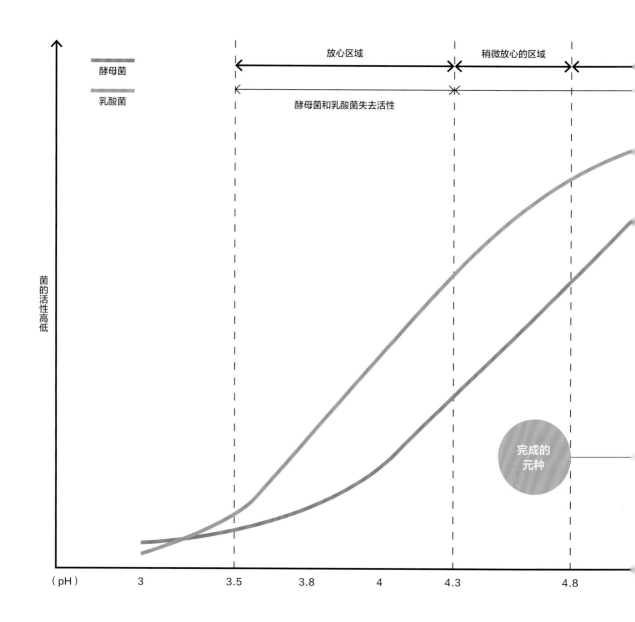

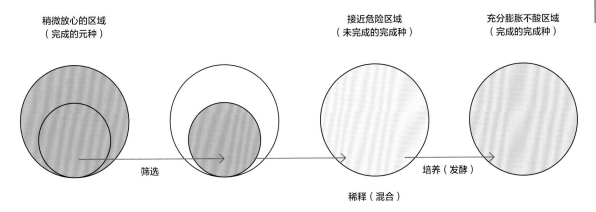

稍微放心的区域
（完成的元种）

接近危险区域
（未完成的完成种）

充分膨胀不酸区域
（完成的完成种）

筛选

稀释（混合）

培养（发酵）

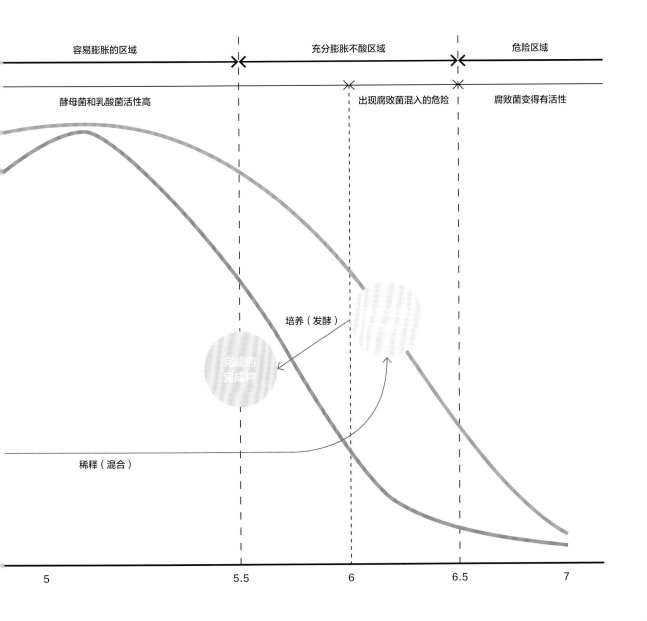

容易膨胀的区域

充分膨胀不酸区域

危险区域

酵母菌和乳酸菌活性高

出现腐败菌混入的危险

腐败菌变得有活性

培养（发酵）

完成的
完成种

稀释（混合）

5   5.5   6   6.5   7

〈完成种的酸碱度和发酵种菌的平衡〉

面包制作中可以使用初种、元种、完成种，相比起来，使用完成种操作更麻烦一些，但是，使用完成种可以更好地平衡产品的酸碱度和菌种量。只要理解了酸碱度对菌种繁殖的影响，就可以明白完成种对面包制作的有益之处。

例如，pH4的初种（还原种）变成pH6的完成种的情况

发酵种菌的状态

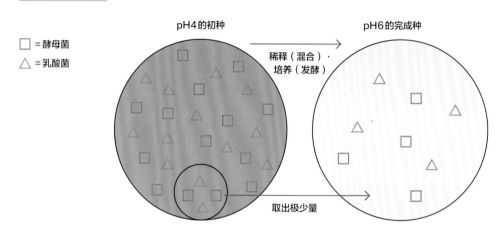

从初种中取出极少量进行稀释（混合）·培养（发酵）就能做出完成种，但是这种情况下pH和菌种量难以平衡，所以状态不稳定。

不安定的状态

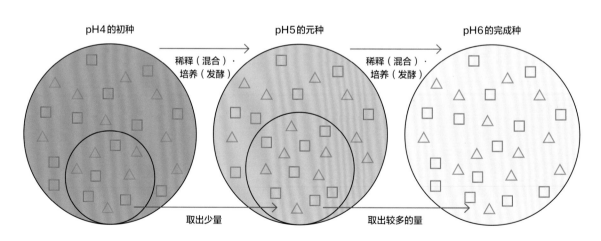

这里加入制作pH5的元种的操作，要取出更多的量进行稀释（混合）·培养（发酵）。这样酸碱度就会变高，发酵菌种的量也会变多，就能做出平衡度比较好的酵种。

稳定的状态

〈 关于酸种中使用的面粉 〉

酸种的制作可以使用任何面粉，但不同品质的面粉，制作出的风味会有不同。以下是一些
参考。

<table>
<tr><td>

起种时

面粉选择的优先顺序。

全麦粉
↓
没有使用农药的有机面粉
↓
粗粒面粉
↓
灰分含量高的面粉

</td><td>

想要增强酸味时

面粉选择的优先顺序。

全麦粉
↓
没有使用农药的有机面粉
↓
粗粒面粉
↓
灰分含量高的面粉

</td></tr>
</table>

想要做出膨胀的面包时

面粉选择的优先顺序。

灰分含量低的面粉
↓
蛋白质含量多的面粉

鲁邦种

鲁邦种是指用小麦粉或黑麦粉、水（可加盐）制作成的发酵种，酸碱度在pH4.3以下。其实"鲁邦"本身含有发酵种的意思，但在日本叫"鲁邦种"的情况比较多。

〈鲁邦种的环境条件〉

① 屏障

没有屏障。

② 养分

以小麦淀粉或黑麦面粉为食。

③ 温度

为了使有发酵力的酵母菌增殖，温度为28℃较合适。

④ 酸碱度（pH）

因为要使附着在小麦或黑麦上的乳酸菌增殖，所以弱酸性比较合适。

⑤ 氧气

阻隔氧气使乳酸菌和酵母菌增殖。

⑥ 渗透压

加入1%~2%的盐抑制腐败菌的增殖。

〈鲁邦种（液态）的起种方法〉

	第一次	第二次	第三次	第四次	第五次
粗粒黑麦全麦粉……………	70g	—	—	—	—
细粒黑麦全麦粉…………	—	50g	25g	—	—
中高筋粉（ER类型）………	—	—	25g	50g	50g
水…………………………	84g	60g	60g	60g	60g
上次的液种………………	—	50g	50g	50g	50g
发酵时间…………………	约24h	约24h	约24h	9~12h	9~12h

混合好的温度
28℃

发酵温度
28℃

第一次

在容器中放入粗粒黑麦全麦粉和适量水，用打蛋器搅拌均匀（搅拌好的温度为28℃）。将容器放入28℃的发酵箱中。第一次发酵结束时，面糊开始膨胀，能闻到酸味

第二次

从第一次的液种中取出需要的量。在新的容器中放入水和第一次的液种，用打蛋器搅拌均匀，加入面粉再搅拌均匀（搅拌好的温度为28℃）。将容器放入28℃的发酵箱中。第二次发酵结束时，面糊比上次膨胀得更厉害，能闻到酒精味和酸味

第三次

在第二次的液种中取出需要的量。在新的容器中放入适量的水和第二次的液种，用打蛋器搅拌均匀，再加入粉类搅拌均匀（搅拌好的温度为28℃）。将容器放入28℃的发酵箱中。第三次发酵结束时，与第二次相比出现了细小的气泡，面糊呈类似溶化了的状态，酸味很强，有着与第二次不同的气味

第四次

在第三次的液种中取出必要的量。在新的容器中放入适量的水和第三次的液种，用打蛋器搅拌均匀，再加入粉类搅拌均匀（搅拌好的温度为28℃）。将容器放入28℃的发酵箱中。第四次发酵结束时，表面整体出现细小的气泡，酸味变得柔和

第五次

在第四次的液种中取出需要的量。在新的容器中放入适量的水和第四次的液种，用打蛋器搅拌均匀，再加入粉类搅拌均匀（搅拌好的温度为28℃）。将容器放入28℃的发酵箱中。第五次发酵结束时，与第四次一样，表面整体出现细小气泡，出现类似水果的香味和清爽的酸味。这样鲁邦种（液态）就制作完成了，可在冰箱保存1~2d

用鲁邦种（液态）做
乡村面包

这是一款酸味独特、美味突出的面包。使用鲁邦种制作，使之成为有着清爽的
酸味、恰到好处的轻盈感的田园风面包。这款面包除了做成三明治，也很适合
与芝士和料理一起食用。

出品量	1份

□ 元种

		烘焙百分比
鲁邦种（液态，做法见P93）…………	12.6g	4.2%
高筋粉（北海道春恋）…………	30g	10%
水 …………………………	36g	12%
合计	**78.6g**	**26.2%**

□ 完成种

		烘焙百分比
元种（上述所配）…………	78.6g	26.2%
高筋粉（北海道春恋）…………	60g	20%
水 …………………………	72g	24%
合计	**210.6g**	**70.2%**

□ 主面团

		烘焙百分比
高筋粉（北海道春恋）…………	145g	50%
石臼研磨的小麦全麦粉…………	30g	10%
细粒黑麦全麦粉 …………	30g	10%

＊将粉类放入保鲜袋中。

完成种（上述所配）…………	210.6g	70.2%
海藻盐…………	6g	2%
麦芽糖（稀释）…………	1.2g	0.4%

＊麦芽糖：水=1：1。

水 …………	120g	40%
合计	**542.8g**	**182.6%**

手粉（高筋粉）………………………		适量

制作过程

元种
混合好的温度为25℃
28℃发酵4~5h
↓
完成种
混合好的温度为25℃
28℃发酵2~3h→放入冰箱
↓
主面团
↓
混合搅拌
面团温度为25~26℃
↓
第一次发酵
30℃大概1h
↓
整形
↓
最终发酵
30℃，3h
↓
烘烤
230℃（有蒸汽）10min
→250℃（无蒸汽）10min
→250℃（无蒸汽）10~15min

要点

第一次发酵时，不要让面团膨胀过多。第二次发酵要让面团充分膨胀，做出来的面包酸味较淡，比较轻盈。

□ 制作元种

1 混合

在密封罐中放入水和鲁邦种，用橡胶刮刀搅拌均匀。

2

加入高筋粉。

3 搅拌好的温度为25℃

将材料搅拌均匀。

4 发酵

盖上盖子，28℃发酵4~5h。

→

□ 制作完成种

出现细小气泡。

5 混合搅拌

在步骤4的元种中放入水和高筋粉，用橡胶刮刀搅拌均匀直到没有结块。

混合好的温度为25℃

6 发酵

盖上盖子，28℃发酵2~3h。

→

□ 制作主面团

出现细小气泡，放入冰箱。

7 混合搅拌

在盆中放入水、麦芽糖、海藻盐，用橡胶刮刀搅拌，加入完成种。

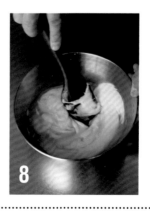

8

用橡胶刮刀搅拌均匀。

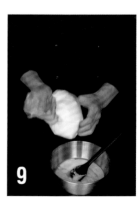

9

摇晃装有粉类的保鲜袋，使之混合均匀。

将步骤9的粉类加入步骤8的材料中。

用橡胶刮刀从下往上搅拌，直至无干粉。

用刮板将面团从外侧向手边铲。

转换方向，拿着面团，在操作台上摔打。

面团温度25~26℃

将面团对折。将步骤12~14的操作重复6次。

第一次发酵

将面团放入容器中，30℃发酵约1h。

发酵后的面团。

整形

在另一个容器上铺一块网眼比较大的布，用粉筛筛上手粉，盖住布的网眼即可。

在操作台和面团上撒上大量手粉，用刮板插入容器四壁。

将容器倒过来，将面团倒在操作台上。

右手捏住面团左下角，左手捏住右下角。

将交叉的双手恢复原位，把面团拧起来。

拿着面团下端，往中间折。

左手捏住面团右上角，右手捏住左上角。

将交叉的双手恢复原位，把面团拧起来。

将面团上端向面团中间折。

转变面团方向，右手捏住面团左下角，左手捏住右下角。

双手复原，把面团拧起来。

拿着面团下端，往中间折。

左手捏住面团右上角，右手捏住左上角。

将交叉的双手恢复原位，把面团拧起来。

将面团上端向面团中间折。

用手按压折叠部位。

最终发酵

将面团放入手中，揉圆。

将面团放入步骤16准备好的容器中。

30℃发酵3h。

发酵后的面团。

烘烤

将布稍微往上拉，并用粉筛筛上手粉。

将容器倒扣在木板上。

用刮板将粘在布上的面团剥除。

用粉筛在面团上筛上大量手粉（将面团盖住的量）。

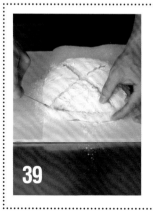

用面包刀在面团上划出十字，再沿距面包底部2cm处划出一圈。

用木板将面团滑入预热到250℃的烤箱中。

在烤箱内壁喷10次水。230℃（有蒸汽）烤10min，250℃（无蒸汽）烤10min，转换烤盘方向，250℃（无蒸汽）再烤10~15min。

用鲁邦种（液态）做
法式牛奶面包

这是一款类似石板形状的面包，内部松软、湿润。南瓜的风味里还有小麦酸种的清爽酸味。不要烤得太过，推荐做成三明治食用。

出品量	6份

		烘焙百分比
高筋粉（江别制粉春丰混合，北海道产）…	80g	45%
中高筋粉（ER类型）………………………	100g	55%

＊将粉类放入保鲜袋中。

鲁邦种（液态，做法见P93）	44g	24%
干酵母 ……………………………………	0.6g	0.3%

A

海藻盐 …………………………………	4g	2%
蜂蜜……………………………………	16g	8%
牛奶……………………………………	100g	55%
南瓜泥 …………………………………	80g	45%

＊使用前加热。

无盐黄油……………………………	20g	11%

＊室温下软化。

合计	444.6g	245.3%

手粉（高筋粉）……………………………	适量

制作过程

制作过程

面团温度为24℃

↓

第一次发酵

30℃，30min→放入冰箱冷藏1晚

↓

分割、整形

分割、整形

↓

最终发酵

30℃，30min

↓

烘烤

220℃（无蒸汽）10~12min

要点

为了不让面包有太多酸味，要使用在短时间内就能发酵的酵母。将揉好的面团和整形之后的面团弄平整，使之均匀发酵。

 →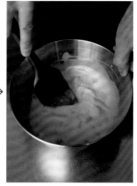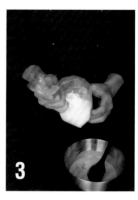

混合搅拌

在盆中放入材料A，用橡胶刮刀搅拌均匀。

加入鲁邦种并搅拌均匀。

在装有粉类的保鲜袋中加入干酵母，并摇晃均匀。

  →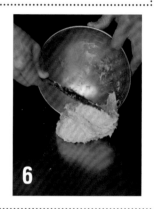

在步骤2中加入步骤3的粉类。

用橡胶刮刀从底部往上反复搅拌，直到无干粉。

将面团放在操作台上。

用刮板将面团从外侧铲起来。

转变面团方向。

拿起面团。

在操作台上摔打。

将面团对折。将步骤7~11的操作重复6次。

将黄油放在面团上,用手铺满面团。

用刮板将面团切成两半。

用刮板将其中一半面团铲起来。

叠在另一半面团上。

用手按压。

切成两半。

将两半面团叠在一起,用手按压。将步骤13~18的操作重复4次。

用刮板将面团从外侧铲起来。

转变面团方向。

拿起面团,在操作台上摔打。

22

将面团对折。将步骤19~22的操作重复6次。

23

将面团放入容器中。

24

面团温度为24℃

用手指将面团压平。

25

→

第一次发酵

盖上盖子，30℃发酵30min。之后放在冰箱冷藏1晚。

发酵后的面团。

26

分割、整形

在操作台上撒上少量手粉。

27

在面团上撒上少量手粉。

28

用刮板插入容器四壁。

29

把容器倒过来，将面团倒在操作台上。

→

30

将面团从左侧向中间折叠，按压折叠处。

31

将面团的右侧向中间折叠，按压折叠处。

32

33

34

35

如果面团中有大气泡的话，按压整个面团将气泡排出。

将面团从手边向中间折叠，按压折叠处。

将面团从外侧向中间折叠，按压折叠处。

如面团中有大气泡的话，按压整个面团将气泡排出。

36

37

38

39

在面团上撒上少量手粉。

用刮板将面团铲起来。

翻过来。

用擀面杖将面团擀至13cm×19cm。

40

41

42

43

将上下左右的边角切下来。

将面团切成两半，再分别3等分，切成6份。

最终发酵
将面团放在烤盘纸上，30℃发酵30min。

烘烤
将面团用木板放入预热至220℃的烤箱中。以220℃（无蒸汽）烘烤10~12min。

黑麦酸种

黑麦酸种（Sauerteig）是用黑麦做成的发酵种。在日本一般叫"德国酸种"，德语中"sauer"是"有酸味的"，"teig"是"面团"的意思，按照字面意思就是酸的面团。

〈黑麦酸种的环境条件〉

① 屏障

没有屏障。

② 养分（营养）

以黑麦淀粉为食。

③ 温度

为了使有发酵能力的酵母菌增殖，温度为28℃。

④ 酸碱度（pH）

因为要使附着在黑麦上面的乳酸菌增殖，所以弱酸性比较合适。

⑤ 氧气

阻隔氧气使乳酸菌和酵母菌增殖。

⑥ 渗透压

加入1%~2%的盐抑制腐败菌。

〈黑麦酸种的起种方法〉

	第一天	第二天	第三天	第四天
粗粒黑麦全麦粉 ……………	75g	70g	—	—
细粒黑麦全麦粉 ……………	—	—	100g	100g
水 ………………………	75g	70g	100g	100g
前一天的种 …………………	—	7g	10g	10g
发酵时间………………………	约24h	约24h	约24h	约24h

混合好的温度
26℃

发酵温度
28℃

第一天

在容器中放入粗粒黑麦全麦粉和水，用打蛋器搅拌均匀（搅拌好的温度为26℃）。将容器放入28℃的发酵箱中。第一天发酵结束时，有臭味出现。

第二天

将前一天做的种取出需要的量。在另一个容器中放入水和前一天的种，用打蛋器搅拌均匀，加入面粉再次搅拌均匀（搅拌好的温度为26℃）。将容器放入28℃的发酵箱中。第二天发酵结束时，还是有臭味。

第三天

将前一天做的种取出需要的量。在另一个容器中放入水和前一天的种，用打蛋器搅拌均匀，加入面粉再次搅拌均匀（搅拌好的温度为26℃）。将容器放入28℃的发酵箱中。第三天发酵结束时，有清淡的香味。

第四天

将前一天做的种取出需要的量。在另一个容器中放入水和前一天的种，用打蛋器搅拌均匀，加入面粉再次搅拌均匀（搅拌好的温度为26℃）。将容器放入28℃的发酵箱中。第四天发酵结束时，有清淡的酸味。至此就完成了起种的整个过程，可在冰箱冷藏保存2天。

用黑麦酸种做
斯佩尔特小麦面包

这款面包有着浓厚的斯佩尔特小麦（古代小麦）的麦香，黑麦酸种的酸味也同样浓厚。

出品量	1 份

		烘焙百分比
斯佩尔特小麦………………………………	160g	80%
粗粒黑麦全麦粉 …………………………	20g	10%

＊将粉类放入保鲜袋。

黑麦酸种（做法见P107）……………………	40g	20%
干酵母 ……………………………………	1.2g	0.6%
海藻盐 ……………………………………	4g	2%
水 ………………………………………	120g	60%
煮熟的法老小麦……………………………	100g	50%

＊法老小麦是中粒大小的斯佩尔特小麦。在锅中放入40g法老小麦和60g
热水，开火加热，沸腾后用小火再煮5min左右，取出铺在锡纸上放
凉，恢复室温。

合计	445.2g	222.6%

手粉（粗粒黑麦全麦粉）……………………… 适量

制作过程

混合搅拌

面团温度为27℃

↓

整形

↓

最终发酵

最终发酵

↓

烘烤

230℃（有蒸汽）10min

→ 250℃（无蒸汽）20min

要点

这款面包不需要做第一次发酵，在酸味变强前烘烤，因此，为了在短时间内完成发酵，要使用干酵母来提升效率。

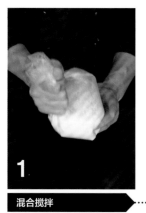  

混合搅拌

在装有粉类的保鲜袋中加入干酵母，并摇晃混合均匀。

在盆中放入其余的材料，再加入步骤1的材料。

用橡胶刮刀从底部往上反复搅拌，直到无干粉。

将面团放在操作台上，用刮板从外侧铲起来。

转换面团方向。

用手拿着面团。

在操作台上摔打。

将面团折叠成两层。

用刮板将面团从外侧铲起来。

转换面团方向，拿着面团，在操作台上摔打。

将面团折叠成两层。

12

用刮板将面团从外侧铲起来。

13

转换面团方向，拿着面团。

14

在操作台上摔打面团。

15

将面团折叠成两层。

16

面团温度27℃

将步骤4~15的操作重复2次。

17

整形 ▶

在操作台上撒上手粉。

18

将面团封口朝上，在面团上撒上手粉。

19

用手按压面团。

20

按压面团至直径为15cm。

21

将面团从手边往外侧的1/3处折叠。

22

用掌根按压折叠的地方。

23

将外侧往手边1/3处折叠。

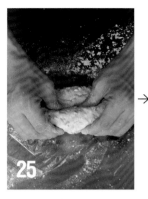

用掌根按压折叠的地方。

用拇指按压面团中央，将面团从外侧往手边折叠成2层。

用掌根按压折叠的地方。

在操作台上撒上大量手粉。

将面团在手粉上滚动，使其沾满手粉。

将面团封口朝下。

将面团放在烤盘纸上。

最终发酵 ▶
30℃发酵约40min。

发酵后的面团。

烘烤 ▶
用粉筛在面团上筛上大量手粉。

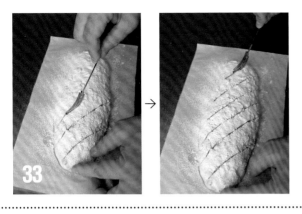

用面包整形刀在面团上划上6条斜纹。

用木板将面团滑入预热至250℃的烤箱中，在烤箱内壁喷12次水。230℃（有蒸汽）烤10min，转换烤盘方向，250℃（无蒸汽）烤约20min。

关于斯佩尔特小麦

这种古代小麦在德语中为"Dinkel"，英语为"Spelt"，法语为"Épeautre"，瑞士语为"Spelz"，意大利语为"Farro"。

意大利语中的"Farro"指的是所有带壳的小麦，所以也包含了古代小麦中的"Emmer小麦"（二粒小麦）。虽然二粒小麦和斯佩尔特小麦都是古代小麦，但是所属的系统是不同的，"Emmer小麦"属于二粒小麦，"斯佩尔特小麦"属于普通小麦（面包用小麦）。

古代小麦因为外壳比较厚，对气候变化和土壤条件有很强的适应性，所以没有改良品种的必要，也几乎可以不用化学肥料、除草剂和杀虫剂等农药，是喜欢有机食品的朋友们会喜欢的小麦。但是，这并不意味着对于小麦过敏者是安全的，所以建议在食用之前咨询你的医生。

这种小麦外壳比较硬，做面粉比较难，面筋也不强韧，但是营养价值高，是关注健康的人们喜爱的小麦。

用黑麦酸种做
水果面包

这是一款比较厚实且不甜的水果面包，可以细细品尝其中水果和黑麦酿出的酸味。推荐切成片与新鲜芝士一起食用。

模具	吐司模具 1 个

□ 中种

		烘焙百分比
细粒黑麦全麦粉 ……………………	60g	20%
黑麦酸种（做法见P107）…………	30g	10%
水 ……………………………………	45g	15%
合计	135g	45%

□ 主面团

		烘焙百分比
高筋粉（江别制粉春丰混合, 北海道产）…	180g	60%
细粒黑麦全麦粉…………………	60g	20%

＊将粉类放入保鲜袋中。

中种（上述所配）…………………	135g	45%
海藻盐	6g	2%
水 …………………………………	180g	60%
酒渍水果干 ……………………	180g	60%

＊在密封罐中放入橙皮60g、蓝莓干60g、君度酒30g，腌制2~3天。

合计	741g	247%

手粉（高筋粉）………………………… 适量

制作过程

中种
混合好的温度为27~28℃
30℃发酵3~5h
↓
主面团
↓
混合搅拌
面团温度为27℃
↓
整形
↓
最终发酵
30℃，约3h
↓
烘烤
230℃（有蒸汽）15min
→250℃（无蒸汽）35~40min

要点

在酸味较强的黑麦酸种中加入黑麦全麦粉和水使之发酵，使其酸味减轻，更容易发酵。

□ 制作中种

1

混合搅拌

在密封罐中放入水和黑麦酸种，加入细粒黑麦全麦粉。

2

混合好的温度是27~28℃

用橡胶刮刀搅拌至无干粉。

3

发酵

将表面抹平，盖上盖子，30℃发酵3~5h。

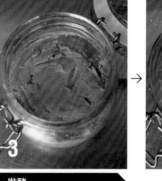

发酵后的中种。

□ 制作主面团

4

混合搅拌

在盆中放入水和海藻盐，用橡胶刮刀搅拌，加入中种。

5

加入粉类。

6

从底部往上重复搅拌均匀，直到无干粉。

7

在操作台上撒上大量手粉。

8

将面团拿出来，放在操作台上。

9

用刮板切出150g作为外皮。

10

11

12

13

将操作台上的手粉清除,把步骤9中剩余的面团放在操作台上,在面团上放上酒渍水果干。

用手按压,将果干铺满面团。

用刮板将面团切成两半。

将两半面团重叠,并用手按压。

14

15

16

17

面团温度为27℃

整形

用刮板将面团切成两半。

将两半面团重叠,并用手按压。

将步骤12~15的操作重复4次。

在操作台上撒上大量手粉。

18

19

20

21

将步骤16的面团放在撒了手粉的操作台上。

用手按压面团,使其平整地摊开。

将面团从左边向右边1/3处折叠,用手按压折叠处。

转换面团方向。

22

23

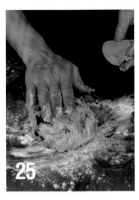

24

25

将面团从左边向右边1/3处折叠，用手按压折叠处。

将步骤20~22的操作重复4次。

将面团放入手中，在手中滚动揉圆。

将封口朝下放在操作台上。

26

27

28

29

再次在面团上撒上手粉，用手滚动面团，使之呈长度为15cm的圆柱形。

在操作台上撒上大量手粉。

把步骤9中的外皮面团放到操作台上，撒上手粉。

用掌根按压外皮至15cm长。

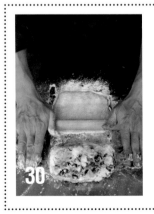

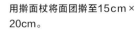

30

31

32

33

用擀面杖将面团擀至15cm×20cm。

将步骤26的主面团上的手粉拍除。

将主面团封口朝下放在步骤30的外皮上，放置在手边一侧。

用外皮将主面团卷起来。

→

将面团两端拉抻并封口。

最终发酵

烘烤

将封口朝下放入模具中。

用四指按压面团表面使其平整。

30℃发酵3h。

用粉筛在面团上筛细粒黑麦全麦粉（配方外）。

用面包整形刀在面团正中间划一个深5~8mm的纹路。

放入预热至250℃的烤箱中，在烤箱内壁喷15次水。230℃（有蒸汽）烤15min，转换烤盘方向，250℃（无蒸汽）烤35~40min。

啤酒花种

啤酒花种本来指的是英国常用的发酵种，本书中使用的是加入了米曲调整过的日本风味发酵种。我们熟悉的酿造啤酒的啤酒花的香味与米曲酿出的甜味是最好的搭配。

〈啤酒花种的环境条件〉

① 屏障

啤酒花汁有抗菌效果，腐败菌增殖比较难。

② 养分（营养）

以小麦淀粉、土豆淀粉、部分苹果、米曲、蔗糖为食。

③ 温度

为了使有发酵能力的酵母菌增殖，温度为27~28℃较为合适。

④ 酸碱度（pH）

因为要加入苹果泥，所以会变成弱酸性的起种，发酵种菌比较容易增殖。

⑤ 氧气

供给氧气，使它产生大量二氧化碳。

⑥ 渗透压

不用考虑。

〈啤酒花种和酸种的不同点〉

啤酒花种与酸种的制作基本无异，但啤酒花种的制作含有酒的发酵，所以操作环境基本都是液体。
"煮啤酒花汁，以啤酒花汁制作面团，添加土豆泥、苹果泥（可加砂糖）、米曲"是啤酒花种的基础起种制作，之后与酸种制作一样，重复进行发酵和筛选菌种。因为在液体环境中进行操作，所以需要将材料完全混合均匀。与酸种相比，两者之间最大的不同是对发酵种菌量的控制。

啤酒花种起种制作完成后，发酵种菌的量是比较多的，后期慢慢减少，活性慢慢增强，这是完成的信号。但需要注意的是，因为是液体环境，所以过程中会有腐败菌的生长增殖，需要注意酸碱度的控制，最佳在pH3.8~4.0。

〈啤酒花种的起种材料〉

用煮好的啤酒花汁混合小麦粉

啤酒花汁有抗菌效果，可以防止腐败菌的生长，酵母菌等发酵菌以淀粉为养分可以快速增殖。

土豆泥

土豆泥的淀粉含量比较足，是比较容易被利用的养分。

苹果泥

苹果泥偏酸性，含有一定的糖分，可以作为补充养分作用在酵母菌等菌种增殖上，也可视情况直接加入蔗糖。

米曲

米曲本身附着酵母菌和曲霉菌，曲霉菌可以分解淀粉，进一步促进酵母菌的增殖生长。

〈啤酒花汁的制作方法〉

啤酒花汁的基础做法是在小锅里加入4g啤酒花果实和400g水，煮沸后用小火继续煮到其分量变为原先的一半（约5min）。

啤酒花汁制作完成后，需趁热用于制作起种，与面粉混合。啤酒花汁的热量作用在面粉中，可以促进面粉中的淀粉糊化。糊化的淀粉更容易被人体吸收，且能增加起种的黏性。

〈啤酒花种的起种方法〉

	第一天	第二天	第三天	第四天	第五天
啤酒花汁………………………	40g	25g	12.5g	12.5g	12.5g
高筋粉（北海道春恋）……	30g	20g	10g	–	–
土豆泥……………………	75g	37.5g	37.5g	37.5g	37.5g
苹果泥……………………	10g	7.5g	5g	5g	5g
水 ………………………	95g	80g	120g	150g	150g
米曲 ……………………	2.5g	2.5g	2.5g	2.5g	2.5g
蔗糖 ……………………	–	2.5g	2.5g	2.5g	2.5g
前一天的种 ……………	–	75g	62.5g	50g	45g

第一天的操作

① 在盆中放入高筋粉和刚煮好的啤酒花汁。

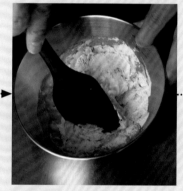

② 用橡胶刮刀搅拌均匀，常温下放凉。

③ 在另一个盆中放入土豆泥、无皮的苹果泥和水，用打蛋器搅拌均匀。

④ 在步骤③的材料中加入步骤②的材料。

⑤ 将米曲加入步骤④的材料中，搅拌均匀（搅拌好的温度为27℃）。

⑥ 放入密封罐中，然后放入28℃的发酵箱中，每隔6h搅拌1次。

混合后的温度
27℃

发酵温度
28℃

第一天

第一天发酵结束时，只有很少的气泡出现，味道很臭。

第二天

与第一天的步骤基本相同，额外的有两点。其一，需在步骤③中增加蔗糖；其二，需在步骤⑤中加入前一天的种（需过筛）。混合完成后，温度为27℃。每隔6h需搅拌一次。第二天发酵结束时，相比第一天气泡稍有增加，还是有臭味。

第三天

进行与第二天同样的操作。第三天发酵结束时，气泡比第二天增加得更多，气味柔和了许多。

第四天

进行与第一天同样的操作。步骤①略去，步骤②改为在常温的啤酒花汁中加入蔗糖并搅拌均匀。每隔6h搅拌1次。第四天发酵结束时，气泡变得比第三天要细小，能感受到酒精味和酸味。

第五~第六天

进行与第四天同样的操作。气泡和第四天差不多或稍有增加。酒精味和酸味比较柔和，能感受到啤酒花和米曲平衡的香味。这样就完成了整个发酵过程。本书介绍的是5天完成的情况，有4天就完成的情况，也有6天才完成的情况。完成后，放冰箱可冷藏保存1~2天。

用啤酒花种做
吐司

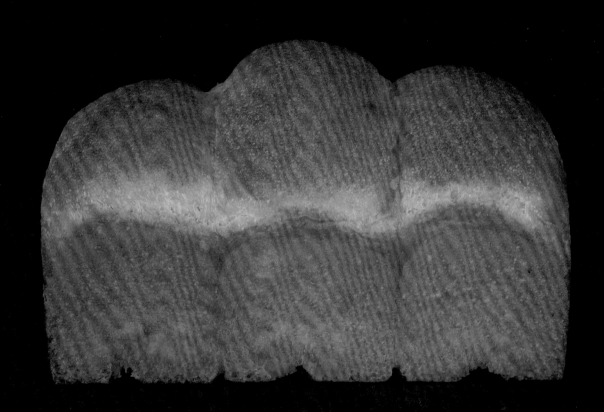

这款面包使用添加了日本独有的米曲的啤酒花种，能品尝到与小麦很搭的啤酒花的香味和类似甜酒的甜味，以及软糯的口感。

模具	吐司模具 1 个

		烘焙百分比
高筋粉（江别制粉春丰混合，北海道产）…	200g	80%
高筋粉（北海道富泽商店）………………	50g	20%
＊将粉类放入保鲜袋中。		
啤酒花种（做法见P123）……………	50g	20%
A		
海藻盐…………………………………	4.5g	1.8%
蔗糖……………………………………	12.5g	5%
水 ……………………………………	150g	60%
合计	**467g**	**186.8%**

手粉（高筋粉）………………………… 适量

制作过程

混合搅拌
  面团温度为23℃
↓
第一次发酵
  28℃，5~6h
↓
分割、揉圆
  3等份
↓
醒发
  室温下10min
↓
整形
↓
最终发酵
  32℃，2h
↓
烘烤
  210℃（无蒸汽15min）
  →210℃（无蒸汽）3min

要点

不要让面团的温度下降，让发酵能力强的酵母优先发酵。若发酵温度较高，做出的面包口感会比较松软。

→

混合搅拌

在盆中放入材料A，加入啤酒花种。

用橡胶刮刀搅拌均匀。

加入粉类。

用橡胶刮刀从底部往上重复搅拌，直至无干粉状态。

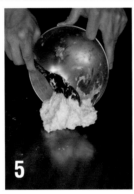

将面团倒在操作台上。

用刮板将面团从外侧向手边铲。

改变面团方向。

面团温度为23℃

用手拿着面团。

在操作台上摔打面团。

将面团折叠成两折，静置30s。

将步骤6~10的操作重复6次。

第一次发酵

将面团放入容器中，28℃发酵5~6h。

发酵后的面团。

分割、揉圆

在操作台上撒上稍多的手粉。

在面团上撒上稍多的手粉。

用刮板插入容器四壁。

将容器倒过来，将面团倒在操作台上。

用刮板将面团切成3等份，称重确保面团等量。

将其中一个面团左右两端往中间折。

将面团下端两个角往内侧折。

将面团下端往中心折叠。

将面团外侧也往中心折叠。

用手指按压封口。

23

24

→

25

醒发

整形

将面团封口向下放置。剩下的两个面团同样进行步骤18~23的操作。

用湿布盖住面团，在室温下放置10min。

醒发后的面团。

在操作台上撒上少量手粉。

26

27

28

29

将面团封口朝上放在操作台上。

右手捏住左下角，左手捏住右下角。

将交叉的双手恢复原位使面团拧起来。

捏住面团下端，往中间折。

30

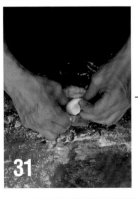

31

→

32

左手捏住面团右上角，右手捏住左上角，将交叉的双手恢复原位，使面团拧起来。

捏住面团上端，往中间折。

用手指按压折叠处。

33

转变面团方向。

34

将面团外侧向手边的1/3处折叠。

35

将面团从手边往外折叠。

36

将折叠的部位塞进面团下方。

37

将面团封口朝下,调整为圆柱形。剩下的两个面团也同样进行步骤27~37的操作。

38

最终发酵

将3个面团放入模具中,32℃发酵约2h。

39

烘烤

发酵后的面团膨胀到快要高出模具时,表示发酵完成。

放入预热至210℃的烤箱中,210℃(无蒸汽)烤15min,转换烤盘方向,210℃(无蒸汽)烤3min。

通过观察面包横切面我们能得出什么

观察烘烤完成后的面包横切面，我们可以通过气泡来推测面包面团的膨胀方式。下面就让我们一起来比对各种面包的气泡大小和气泡的排列，来了解面包面团的发酵知识。

用水果种（新鲜水果）做的
黑麦面包
⇒制作方法参照P40

本来这款面包的内部是比较难产生气泡的，但是在分割、揉圆时有拧面团的步骤，所以做出的面包有着和法国面包一样的气泡。

用水果种（果干）做的
混合果仁面包
⇒制作方法参照P46

混合果仁面包使用了液体水果种，面筋比较弱，内部组织比较弱。其利用面团本身的重量使组织成分均匀分布，可以看出，外皮很柔软地伸展出来了。

用酒种（酒糟）做的

麻薯面包

⇒制作方法参照P54

这款面包使用了酒糟酒种，水分比较足，成品的甜度比较高。面包面团的水分足，虽能形成面筋，但支撑力不足，从侧面可以看出气孔不均匀和面筋形成的纹路。

用酒种（米曲）做的

蜂蜜奶油面包

⇒制作方法参照P60

我们能够从侧面看到面包面团在整形过程中留下的痕迹，如在分割、揉圆时面团卷入内部的痕迹。这些经发酵烘烤后形成支撑，使面团完整性更高，不容易破裂。

用酸奶种（含面粉）做的

发酵面包

⇒制作方法参照P68

我们可以看到这款面包内部不干燥，并且能够长期保存。与其说是面包，不如说是厚实的蛋糕。

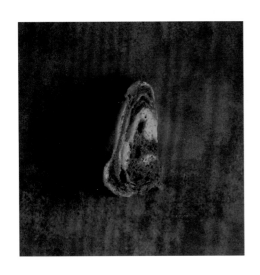

用酸奶种（含面粉）做的
咕咕洛夫面包
⇒制作方法参照P74

从大理石的花纹可以看出整形时外侧的原味面团和内侧的巧克力面团的混合以及延伸方向，使用咕咕洛夫模具对面团塑形也有直接影响。

用鲁邦种（液态）做的
乡村面包
⇒制作方法参照P94

我们可以看到，虽然面包里没有大的气泡，但面包整体都有气泡分布，没有破裂。还可以看到面包表面划的纹路边缘不是很明显，面团在烤箱中烘烤时膨胀得比较均匀。

用鲁邦种（液态）做的
法式牛奶面包
⇒制作方法参照P100

从横向分布的气泡我们可以看出，整形时折叠的层数比较多，加入的南瓜泥可以帮助面团组织更加坚固。

用黑麦酸种做的

斯佩尔特小麦面包

⇒制作方法参照P108

提前处理了的斯佩尔特小麦的麦粒产生了软糯感，因为面团整形时重复折叠过多次，所以可以看到从中心向外伸展的大气泡。也能看出在黑麦酸种中加入的干酵母，能够充分发挥短时间内膨胀的作用。

用黑麦酸种做的

水果面包

⇒制作方法参照P114

本来这个面团的面筋比较脆弱，但通过将黑麦酸种做成中种（元种），我们能发现发酵力稍微增强了。虽然气泡比较小，容易破裂，但在整形后使用了模具维持形状，对气泡的形成有一定的制约，所以气泡没有破裂。

用啤酒花种做的

吐司

⇒制作方法参照P124

在啤酒花种中加入米曲，发酵力会稍微弱一些。但因为淀粉分解酶分解力度的增大，所以面包的甜度也就增大了。从横切面看，面包也更加湿润。

材料和工具

在这里我们介绍一些制作面包专用的工具（接近专业面包师使用的），也有一些家常的。另外，也介绍几种面包制作中常用的材料。

大型工具

发酵箱

图示为折叠式发酵箱，用于发酵面团，可调节温度、湿度。机器的最下方有一个盘子，盘内可加水（热水也可），机器运转后，可以给空间增加湿度，这样可以防止面团表面干燥，使面团保持湿度。

可清洗可折叠的发酵箱PF102
箱内尺寸：
约宽43.3cm×深34.8cm×高36cm／
日本kneader

冷热箱

可设置5~60℃的温度，用来发酵面团。相比发酵箱，冷热箱在温度设定上会有误差，但它便于长时间储存面团。

便携式冷热箱MSO-R1020
箱内尺寸：
约宽24.5cm×深20cm×高34cm／
Masao corporation

电烤箱

建议使用带有水蒸气功能的电烤箱。可以设定有蒸汽和无蒸汽两种模式，十分方便。本书中使用的是带水蒸气功能的电烤箱。

小工具

密封罐

用于发酵种的发酵和保存。推荐使用可以看到瓶子内部的玻璃瓶，半透明的密封容器也可以。

酸碱度检测计

起种时，用于测量种的酸碱度。

微量称量勺

勺子样式的秤，称少量的酵母很方便。

电子秤

用来称面粉的重量，可以称出0.1g。

食品温度计

测量面团温度时，可以插入面团中使用。

红外线测温仪

不用接触面团就能测量温度，可以用来测量面团温度和发酵温度。

密封容器

发酵面团时使用，半透明的比较好。

布

网眼比较大的布，制作乡村面包（P94）时使用。

料理盆

搅拌面团，揉面的时候使用。

橡胶刮刀

搅拌面团时使用。

打蛋器

混合少量液体时使用。

刮板

铲面团、切面团时使用。

木板
伸展面团，分割、整形时使用。

擀面杖
伸展面团时使用。

毛刷
刷油或蛋液时使用。

粉筛
撒手粉时使用。

面包整形刀
在面团上划纹路时使用。

烤盘纸
烘烤面团时铺在烤盘上的用具。

网架
放置烤好的面包，使之冷却。

喷壶
烘烤时，在烤箱内部喷水时使用。

模具

吐司模具
内部尺寸约20cm×8cm×8cm。制作水果面包（P114）和吐司（P124）时使用。

磅蛋糕模具
内部尺寸约20cm×5.5cm×5.5cm，制作混合果仁面包（P46）和蜂蜜奶油面包（P60）时使用。

咕咕洛夫模具
尺寸为12cm（内径）×7cm（高）的陶瓷模具（Matfer公司），制作咕咕洛夫时使用（P74）。

材料

面粉

a.小麦全麦粉

b.小麦粉

c.斯佩尔特小麦粉

d.粗粒黑麦全麦粉

e.细粒黑麦全麦粉

针对不同的发酵种和面包，使用不同的面粉。

干酵母

可以直接使用，很方便，有着比较稳定的发酵力。本书中使用的是法国乐斯福酵母的红燕子发酵粉。

盐

推荐使用矿物质含量高的自然盐，本书中使用的是海人海藻盐。

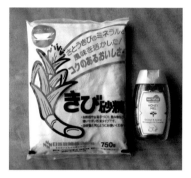

糖

建议使用容易溶化的颗粒糖或液体糖，不同的面包需要选择适用的糖。

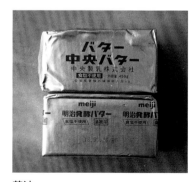

黄油

常用的是无盐黄油，若使用有盐黄油，需要调整配方，也可以选用风味较好的发酵黄油。

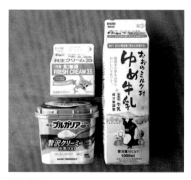

乳制品

使用乳脂肪含量为35%的鲜奶油，酸奶使用原味即可。牛奶建议使用纯牛奶，复杂型牛奶制品需要调整配方，不建议使用。

麦芽糖

建议使用易溶于水的麦芽糖，这样可以使酵母菌很快活跃起来，且能加快小麦淀粉的分解速度。

完成种的保存

的情况

发酵能力比较强的发酵种做好后需要立即放入冰箱中冷藏，温度在4℃较好，此温度可以抑制酵母菌的增殖速度。如果温度再低的话，水变成冰，会对酵母菌造成损伤，甚至死亡。此外，外界温度的急速变化会增加酵母菌死亡的可能性。

发酵种存放的时间也需要注意。如果储存太久的话，酵母菌的活性会降低，其他菌种活性会相对增大，使发酵种产生异味等。所以做好的完成种最好在24~48h内用完。如果一定要长时间储存，需要冷冻，但在冷冻前需要先将完成种放在冰箱冷藏，直至完全冷却后再放入冰箱中冷冻，这样可以给温度下降一个"缓冲"。酵母菌在冷冻环境下，会有一定量的死亡，所以再用于面包制作时，为了使面包发酵达到理想状态，需要增加一些额外的酵母量。

的情况

发酵能力较弱但有酸味的发酵种存放时需要注意其中多种微生物的平衡，冷冻会使部分微生物死亡，破坏平衡状态，所以这种发酵种不能冷冻储存。最低存放温度是4℃，存放过程中需要逐步确认发酵种的酸碱度和气味，如果发现酸味过强的话，需要取出少量发酵种，添加面粉和水进行稀释、发酵培养，使微生物活性增强。当然，酸味的强烈程度根据自己的喜好决定即可。

如果想要延长发酵种更新的间隔，有两个方法可以尝试。第一是在制作发酵种时加1%~2%的盐。另外一个是降低水分占比，这个可以通过续种时增大粉的量来降低，将其变成比较硬的发酵种，存放时用保鲜袋包裹住后再用布包卷起来，并用线捆绑起来用以固定外形，这样对微生物活动有一定的抑制作用。除此之外，还可以通过将发酵种的"表面积"增大来降低水分占比。

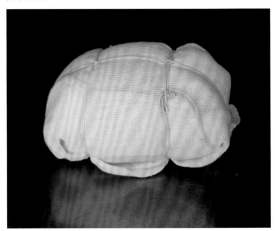

面包制作过程中的问与答（Q&A）

Q. 做水果种时，有不适合的水果吗？

A. 因为水果基本都是酸性的，所以一般都可以用来做水果种。但如果使用菠萝、猕猴桃、芒果、木瓜、哈密瓜、梨、牛油果等蛋白质分解酶较多的水果，发酵时间越久，形成的面筋就越容易坏，很有可能做出容易变形的面包，所以尽量不使用这些水果。

Q. 酒种（米曲）的起种（参照P53）除了使用做好的米饭外，为什么还要用生米？

A. 这是因为生米上可能附着发酵种菌，在发酵种菌的制作过程中可以提高面包的风味和口感。

Q. 最近受欢迎的米酒不能做发酵种吗？

A. 甜酒是用米曲、米饭混合制作的，需要在60℃的温度下保存，使酶分解米饭中的淀粉。但在这个过程中，温度会使发酵种菌死亡，所以米酒不宜用来制作发酵种，只适合用于增加产品的甜味和风味。

Q. 酒种起种可以使用糙米吗？

A. 可以使用。但是，没有去壳的糙米因为外皮的覆盖，使里边的淀粉难以成为养分，所以可以使用内部稍微露出来的五分糙米。

Q. 酒种起种时可以使用冷冻的米饭吗？

A. 可以使用，但需要用微波炉加热到60℃以上，将淀粉糊化之后再使用。这是因为糊化后，淀粉的缝隙之间水分会比较多，酶就比较容易活动。这就和较软的米饭比较硬的米饭更容易消化是同一个道理。

Q. 鲁邦种的起种（参照P93）为什么用的是黑麦全麦粉而不是小麦全麦粉？

A. 也可以用小麦全麦粉制作，但是以我的经验来说，使用黑麦全麦粉，发酵种菌才能在初期增殖，所以使用了黑麦全麦粉。

Q. 黑麦酸种的起种（参照P107）中，为什么分别使用了粗粒和细粒黑麦全麦粉？

A. 因为细粒黑麦全麦粉经过反复研磨，由于摩擦生热而受损伤比较多。起种的时候，黑麦上的微生物越多越好，所以最初先用粗粒黑麦全麦粉。但是，如果只用粗粒黑麦全麦粉的话，做出的酸种酸味比较强烈，所以后半部分加入了细粒黑麦全麦粉，做出来的酸种酸味适中。

Q. 起种时，如果难以连续几天保持28℃的温度的话，能在室温下起种吗？

A. 可以在室温下起种，但是室温的稳定性很重要。如果室温不稳定，可能会破坏自然的发酵力和酸味、美味的平衡，所以一定要注意。一般来说，低温下发酵种的酸味会比较强，所以放在冰箱中低温冷藏更保险一些。

Q. 完成的发酵种多长时间可以进行续种？

A. 如果是定期进行续种的话，什么时候续种都可以。但是，续种的时候，为了让酸味、美味和发酵力比较稳定，温度管理和酸碱度的管理是必要的。不仅要注意时间的控制，还要不断进行调整，做出自己想要的发酵种。

Q. 变酸的发酵种就无法使用了吗？

A. 可以使用，但是需要进行续种培养更新（取出一部分乳酸菌增殖过多的发酵种，加入粉和水进行稀释，这样微生物会变得比较活跃）。进行续种培养更新的时候，比平时操作时要早一些进行确认，一旦酸味变强，立即进行下一次更新。要注意不要在酸味强时将发酵种放入冰箱。

Q. 有时候出门旅行了，
起种完成的发酵种放置多少天都可以吗？

A. 发酵种不同，保存时长也不同，基本上在冰箱冷藏可以保存3~4天。如果要保存3~4天以上的话，建议在使用前2~3天进行一次续种培养更新（P140），再进行面包制作。

Q. 冰箱里有纳豆的话，
发酵种放进去也没关系吗？

A. 一般情况下，纳豆菌比较强大，对发酵种菌的生长有很大的威胁。但如果对发酵种菌进行密闭保存的话也是可以的。但要注意，密封容器外部可能会附着纳豆菌，所以在取出菌种后，不要立即打开盖子，先用水将容器整体冲洗一下。

Q. 发酵种可以冷冻保存吗？

A. 尽量避免冷冻保存。如果将含水分比较多的发酵种冷冻的话，水的体积膨胀了，发酵种菌会受到损伤，可能会导致发酵种菌死亡。

Q. 放发酵种菌的容器，每次都要进行消毒吗？

A. 如果用清水洗干净了的话，就不用消毒了。但是如果发现发霉了，请使用氯气杀菌或用热水消毒。

Q. 面包制作过程中有"面团温度"，如果面团混合完成后没有达到这个温度怎么办？

A. 如果面团量比较少，面团温度又比较高，可以将面团放在小烤盘中压平，再将食品温度计插入面团中，之后放入冰箱中，至温度下降至所需温度后，将面团放入密封容器内进行发酵即可。相反，如果面团温度低的话，可以用40℃的热水进行隔水加热，至所需温度后再密封发酵。

作者介绍

堀田诚

1971年出生，经营罗蒂·奥兰面包教室，兼任NCA名古屋艺术交流专门学校的讲师。高中时在瑞士姑母家吃到一款黑面包，十分感动；大学时代学习了酵母相关知识，因此对面包产生了兴趣，后来在可以接触到吐司等面包的面包公司工作。经当时的同事介绍，认识了Signifiant Signifie（东京·三宿）的主厨志贺胜荣，开始了真正的面包之路。之后，堀田与志贺的3个徒弟一起开设了面包咖啡店"奥兰"。后来又因为参加"Juchheim"新店开张的工作，再次师从志贺主厨。在Signifiant Signifie工作3年后，2010年，罗蒂·奥兰（东京·狛江）开始营业。著有《用酸奶酵母做面包》（文化局出版社）、《用珐琅锅做面包》《专业面包制作教科书》（河出书房新社）等书籍。

http://roti-orang.seesaa.net/

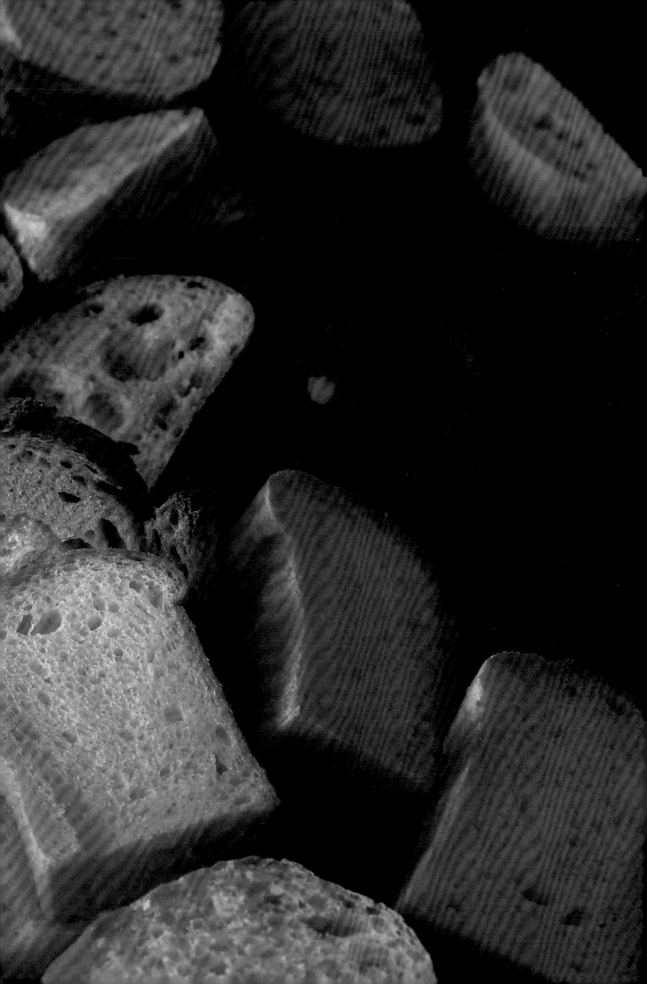